지적 대화를
위한
일반화학

사회 초년생을 위한 일반화학 ABC

지적 대화를 위한 일반화학

차민호 지음 | 정갑수 감수

열린과학

머리말

 이 책은 대학생이나 일반 독자들이 대학 수준의 일반화학 내용을 보다 쉽게 이해할 수 있도록 쓰였습니다. 화학은 자연을 구성하는 물질의 본질과 그 변화 과정을 탐구하는 학문으로, 수학과 물리와 더불어 자연과학의 기본 축을 이루는 핵심 학문입니다. 우리가 숨 쉬는 공기, 마시는 물, 먹는 음식, 사용하는 제품들까지—일상 속 거의 모든 것이 화학의 원리에 기반하고 있으며, 이는 우리가 화학을 공부해야 하는 분명한 이유이기도 합니다.

 화학은 산업의 기반이자, 현대 문명을 가능하게 한 핵심 기술이기도 합니다. 오늘날 생산되는 대부분의 제품은 화학 반응과 원리를 통해 만들어지며, 산업 현장에 참여하고자 한다면 물질의 구조와 반응에 대한 기본 이해가 필수적입니다. 대학에서 이공계 학생들에게 일반화학을 가르치는 이유도, 이러한 화학의 본질을 이해함으로써 산업 현장을 이해하고, 나아가 미래 기술의 발전을 준비할 수 있도록 하기 위한 것입니다.

 이 책은 기존의 일반화학 교재가 지나치게 방대한 범위와 복잡한 계산으로 인해 핵심 개념을 파악하기 어렵다는 문제의식을 바탕으로, 반드시 이해해야 할 핵심 개념과 실생활에서 접할 수 있는 사례 중심으로 내용을 구성하였습니다. 따라서 화학 반응의 원리와 물질의 구성에 대한 깊이 있는 이해를 목표로 하되, 초심자의 학습을 방해할 수 있는 복잡한 계산식은 과감하게 배제하였습니다. 실제로 대부분의 화학 계산은 초등학교 수준의 수학으로도 충분하며, 실무에서는 상황에 따라 필요한 계산만 선택적으로 배우는 것이 오히려 더 효과적이기 때문입니다.

또한, 이 책은 일상생활과 뉴스에서 자주 등장하는 화학 정보를 우선적으로 다루고, 화학이 우리 삶과 어떻게 연결되는지를 실감할 수 있도록 구성하였습니다. 원자의 구조, 화학 결합, 열역학, 전기화학, 생화학 등 광범위한 주제를 아우르면서도 자연스럽게 화학의 개념을 익힐 수 있도록 했습니다.

화학은 단순한 암기의 대상이 아니라, 논리적 사고와 추론이 필요한 학문입니다. 따라서 본서는 개념 중심의 학습을 지향하며, 이공계 학생뿐만 아니라 문과생과 일반인들도 충분히 이해하고 활용할 수 있도록 구성하였습니다. 일반화학의 입문서로서, 본서는 화학의 세계로 들어가는 첫 관문이자, 여러분의 과학적 사고 능력을 키워주는 안내서가 되기를 바랍니다.

이 책을 통해 독자 여러분이 화학의 기본기를 다지고, 나아가 세상을 보는 과학적 안목과 미래 산업에 대한 이해를 넓히는 데 도움이 되기를 진심으로 바랍니다.

차 례

머리말 • 5

1. 화학이란 무엇일까? • 10
- 화학과 물리학과의 차이 • 12
- 화학과 화학공학의 차이 • 14
- 화학과 생명과학의 관계 • 16
- 화학과 신소재공학의 차이 • 18
- 화학과 고분자공학의 차이 • 19
- 화학과 인근 학문과의 관계 • 21
- 반도체 생산에 화학, 물리, 신소재공학, 화학공학의 역할 • 23

2. 화학에 사용되는 단위와 개념들 • 27
- 길이 단위 • 28
- 부피 단위 • 30
- 무게와 비중 • 32
- 액체들이 비중이 달라도 섞이는 이유 • 33
- 기체의 비중 • 34
- 농도 • 35
- 온도 • 36
- 열량 • 37
- 비열과 열전도율 • 38
- 물질의 물리적 성질과 화학적 성질 • 39
- 물리적 변화와 화학적 변화 • 40
- 화합물과 혼합물 • 41

3. 화학의 시작 • 43
- 화합물 이름 부르기 • 45
- 산화물 이름 부르기 • 47
- 염화물 이름 부르기 • 48
- 산 이름 부르기 • 49
- 유기화합물에 이름 붙이기 • 51
- 원소들과 친해지기 • 52

4. 원소, 원자, 분자 • 99
- 원자의 구조: 텅 비어 있지만 질서를 가진, 상상보다 더 작은 세계 • 101
- 주기율표를 만든 멘델레예프: 화학의 질서를 처음으로 꿰뚫어 본 사람 • 104
- 원자 내부에서 전자의 배치를 알려주는 오비탈 • 106
- 원자의 에너지 준위, 즉 원자 껍질들에 존재할 수 있는 오비탈 • 111
- 에너지가 낮은 준위부터 전자가 채워진다 • 113
- 오비탈의 개념을 간단히 설명하겠습니다 • 116
- 주기율표 만들기 • 117
- 주기율표에서 알 수 있는 것 • 120
- 주기율표 외우기 • 122
- 동위원소 • 125
- 반감기 • 129

5. 화학결합 • 132
- 이온 결합 • 133
- 공유 결합 • 134
- 배위 결합 • 137
- 금속 결합 • 138
- 원자가 전자수 • 139
- 루이스 점 기호 • 141

6. 물질의 상태 • 143
- 고체 • 143
- 액체 • 144
- 기체 • 144
- 플라스마 • 145

7. 화학의 법칙들과 몰(mole) · 146
질량 보존의 법칙 · 147
일정 성분비의 법칙 · 148
배수 비례의 법칙 · 150
몰(mole) · 151

8. 화학식 · 153
실험식 · 154
분자식 · 156
구조식 · 157
시성식 · 160

9. 주기율표에서 알 수 있는 원소의 화학적 성질 · 162
전기 음성도 · 162
이온화 에너지 · 163
원자 반지름 · 165
주기율표와 금속, 비금속, 준금속의 관계 · 166

10. 화학 결합 에너지 · 168
이온 결합 에너지 · 168
공유 결합 에너지 · 169
금속 결합 에너지 · 170

11. 분자 간의 힘 · 172
반데르발스 힘 · 172
수소 결합 · 174
이온-쌍극자 상호 작용 · 175
이온-유도 쌍극자 상호 작용 · 175

12. 화학 반응식의 작성 · 177
화학 반응식의 구성 요소 · 177
화학 반응식 작성 규칙 · 178
메탄 연소 반응을 화학 반응식으로 작성하기 · 178

알짜 이온 반응식 · 179

13. 화학반응 · 181

14. 산화-환원 반응 · 184
산화수 · 186
우리 몸속의 산화-환원 반응 (활성 산소와 항산화제의 작용) · 189
배터리 속 화학: 산화-환원 반응으로 만드는 에너지 · 192
사진 현상 속 숨겨진 화학 마법: 은 화합물의 산화-환원 반응 · 194
환경 문제와 산화-환원 반응 · 195

15. 산과 염기 · 198
pH · 199
산 · 201
염기 · 203

16. 중화 반응 · 206
제산제의 작용 원리: 속쓰림 완화의 비밀 · 207
산성 폐수의 중화 처리 · 208
산성 토양의 중화 · 210

17. 용액 · 212
용해도 · 213
몰 농도, 질량 백분율, 몰랄 농도 · 214
증기압과 용액의 증기압 낮아짐 · 216
끓는점 상승 · 218
삼투압 · 219

18. 화학 반응 속도 · 222
반응 메커니즘 · 224
촉매 · 226
화학 평형 · 229

19. 유기 화학 • 233
시그마(σ) 결합과 파이(π) 결합 • 233
탄화수소 • 236
방향족 화합물 • 238
작용기를 포함하는 탄소 화합물 • 239

20. 유기 반응 • 243
첨가 반응 • 243
치환 반응 • 245
제거 반응 • 248

21. 중합반응 • 250
첨가 중합 • 250
배위 중합 • 257
축합 중합 • 258
리빙 중합 • 260

22. 기체의 움직임 • 262
기체의 일반적인 성질 • 263
기체의 압력 • 264
에너지 균등 분배 법칙과 운동 에너지 • 265
보일의 법칙 • 266
샤를의 법칙 • 268
아보가드로의 법칙 • 269
아보가드로 수와 아보가드로 부피 • 270
보일의 법칙, 샤를의 법칙, 아보가드로의 법칙이 실제 기체와는 다른가? • 271
이상 기체 상태 방정식 • 272
물 분자는 액체 상태에서 기체로 될 때 크기가 커지는가? • 273
기체가 쉽게 액체가 되지 않는 이유 • 275
기체 혼합물 • 276

23. 물리화학 • 277
열역학 기본 개념 • 278
열역학 제1법칙과 엔탈피 • 279
엔트로피와 열역학 제2법칙 • 283
열역학 제3법칙 • 286
열역학의 중요성 • 287

24. 전기화학 • 289
전기화학의 기본 원리 • 290
전기화학의 종류 • 291

25. 결정화학 • 293
입방정계 • 295
정방정계 • 297
사방정계 • 298
육방정계 • 299
삼사정계 • 301
단사정계 • 302
삼방정계 • 304
결정 구조와 화학 결합의 관계 • 306
결정 성장과 결정화 • 308

맺음말 • 313

1. 화학이란 무엇일까?

화학은 우리 주변의 모든 것을 이루는 물질의 성질과 변화를 연구하는 학문입니다. 우리가 숨 쉬는 공기, 마시는 물, 사용하는 세제, 입는 옷, 복용하는 약 등, 이 모든 것은 물질로 구성되어 있으며, 그 속에는 화학이 숨어 있습니다.

화학은 세상을 구성하는 가장 작은 단위인 원자와 분자에서 출발합니다. 이들은 마치 레고 블록처럼 다양한 방식으로 결합하여 수많은 물질을 만들어 냅니다. 레고 블록 몇 개만으로도 자동차, 성, 우주선을 만들 수 있는 것처럼, 원자들을 조합하는 방식에 따라 물질의 성질은 완전히 달라집니다. 그 성질이 어떻게 나타나는지, 어떤 조건에서 어떻게 반응하고 변화하는지를 탐구하는 것이 바로 화학입니다.

예를 들어, 산소와 수소라는 단순한 기체 원소가 결합하면 물(H_2O)이라는 전혀 다른 성질의 액체가 됩니다. 또 포도당($C_6H_{12}O_6$)처럼 복잡한 분자는 우리 몸에서 에너지원으로 사용되기도 합니다. 이처럼 화학은 물질이 어떻게 생성되고, 어떤 구조를 가지며, 어떤 변화 과정을 거치는지를 체계적으로 설명합니다.

화학은 단순히 실험실에서 일어나는 반응만을 다루는 것이 아닙니다. 우리 몸속에서 일어나는 소화, 호흡, 면역 반응도 화학 반응입니다. 지구 환경을 구성하는 대기 중 이산화탄소 농도 변화, 배터리의 충전과 방전, 플라스틱의 제조, 의약품의 작용 원리 등도 모두 화학과 연결되어 있습니다.

또한 화학은 다른 학문과도 밀접한 관계를 가지고 있습니다. 물리학은 물질과 에너지의 근본 법칙을 다루고, 생명과학은 살아 있는 생명체를 연구하지만, 그 모든 과정의 중심에는 화학 반응이 존재합니다. 공학 분야에서는 이러한 화학 지식을 응용하여 새로운 소재를 개발하거나, 환경을 개선하고, 제품을 생산하기도 합니다.

결국 화학은 세상을 구성하는 재료를 이해하고 다루는 방법을 알려 주는 학문입니다. 그것은 단지 실험실의 지식이 아니라, 우리가 살아가는 이 세계를 더 깊이 이해하고, 더 나은 미래를 설계하는 데 꼭 필요한 도구입니다.

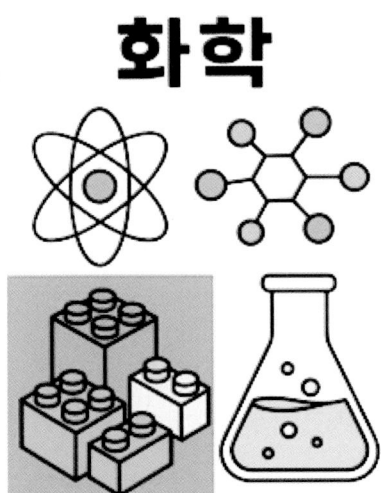

화학과 물리학의 차이

화학과 물리학은 모두 자연을 탐구하는 과학이며, 서로 밀접하게 연관되어 있습니다. 이 두 학문은 각기 다른 질문을 던지지만, 자연 현상을 더 깊이 이해하고 설명하기 위해 서로 보완적인 역할을 합니다.

화학은 물질의 조성, 구조, 성질, 그리고 그 변화를 연구하는 학문입니다. 우리가 눈으로 보고 손으로 만질 수 있는 다양한 물질들 — 예를 들어 물, 금속, 공기, 약물, 플라스틱 등이 어떤 원소로 구성되어 있고, 어떤 조건에서 서로 반응하여 새로운 물질로 바뀌는지를 탐구합니다. 즉, 화학은 눈에 보이는 현상과 구체적인 물질 세계를 다룹니다.

반면, 물리학은 자연의 근본적인 법칙, 즉 힘과 에너지의 작용을 연구하는 학문입니다. 물리학은 왜 물질이 특정한 방식으로 움직이는지, 왜 에너지가 보존되는지, 왜 특정 조건에서 물질의 상태가 변하는지를 설명합니다. 즉, 화학이 물질의 성질과 상호 작용에 집중하고, 물리학은 그 내면의 원리와 힘에 초점을 맞춥니다.

예를 들어, 물이 얼음으로 변하는 현상을 생각해 봅시다. 화학의 관점에서는 물과 얼음은 모두 H_2O이지만, 분자 구조가 다르고 성질이 다르기 때문에 어떤 조건에서 구조가 어떻게 바뀌는지를 분석합니다.

물리학의 관점에서는 이 변화가 일어날 때 에너지가 어떻게 흡수되거나 방출되는지, 분자 운동이 어떻게 달라지는지를 열역학이나 에너지 보존 법칙으로 설명합니다.

이처럼 화학은 "이 물질은 왜 이런 성질을 가질까?", "이 물질과 저 물질이 만나면 어떤 새로운 물질이 생길까?"라는 질문을 던지고, 물리학은 "왜 이러한 변화가 일어나는가?", "그 변화는 어떤 힘과 에너지에 의해 일어나는가?"라는 질문을 던집니다.

비유하자면 화학은 레고 블록을 어떤 모양으로 조립할 수 있는지를 연구하고, 물리학은 그 블록이 어떤 힘을 받으면 무너지거나 유지되는지를 설명합니다.

결국 두 학문은 같은 자연을 다른 방식으로 바라보는 도구입니다. 화학이 물질의 다양성과 복잡성을 탐구한다면, 물리학은 그러한 다양성과 복잡성을 설명하기 위한 보편적인 원리를 찾습니다. 두 학문 모두 현대 과학과 기술의 핵심이며, 함께 작동할 때 우리는 세상을 더욱 깊이 이해할 수 있게 됩니다.

화학 — 물질의 성질, 조성, 구조, 반응을 연구

물리학 — 힘, 에너지, 운동을 연구

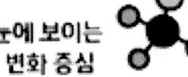 

눈에 보이는 변화 중심 — "이 물질은 어떻게 반응함?"

보이지 않는 힘 중심 — "왜 반응이 일어날까?"

화학과 화학공학의 차이

화학과 화학공학은 이름은 비슷하지만, 학문의 목적, 접근 방식, 학습 내용에서 분명한 차이를 보입니다. 두 분야 모두 화학 반응을 이해하고 활용한다는 공통점을 가지고 있지만, 이를 다루는 방향은 서로 다릅니다.

● 화학은 물질의 본질을 이해하는 학문

화학은 물질의 조성, 구조, 성질, 그리고 반응 원리를 탐구하는 기초 과학입니다. 물질이 어떤 원자로 구성되어 있는지, 그 원자들이 어떻게 결합하여 분자를 만들고, 분자들이 어떤 조건에서 어떻게 반응하는지를 연구합니다. 실험을 통해 물질의 성질을 관찰하고 분석하며, 새로운 물질을 합성하거나 기존 물질의 반응 경로를 밝히는 데 중점을 둡니다.

화학과에서는 일반화학을 기반으로 유기화학, 무기화학, 물리화학, 분석화학 등 원리 중심의 이론 과목과 실험을 학습하며, 분자 수준의 정밀한 이해에 집중합니다.

● 화학공학은 산업 현장에서의 응용을 다루는 공학

반면, 화학공학은 화학적 원리를 바탕으로 유용한 물질을 대량 생산하고, 이를 위한 공정을 설계·개선·운영하는 응용 학문입니다. 단순히 이론을 배우는 것을 넘어, 실제 산업 현장에서 물질을 어떻게 효율적이고 안전하게 생산할 것인지를 연구합니다.

화학공학과에서는 화학의 기본 과목을 바탕으로, 화학 공정, 열역학, 반응공학, 분리 공정, 유체역학, 공정 제어 등을 학습합니다. 이는 공장을 설계하거나 운영하는 데 필요한 지식을 포함하며, 생산성, 경제성, 안전성, 환경을 동시에 고려해야 하는 특징이 있습니다. 예를 들어, 어떤 반응이 실험실에서는 잘 작동하더라도, 공장 규모에서는 온도 조절, 촉매 안정성, 부산물 처리, 에너지 효율 등을 함께 고려해야 합니다.

화학공학은 또한 환경 공학적 요소도 중요하게 다룹니다. 환경 오염 물질 처리, 친환경 공정 개발, 지속 가능한 에너지 변환 등은 화학공학의 핵심 연구 주제입니다. 화학과 화학공학은 이름은 비슷하지만, 학문의 목적, 접근 방식, 그리고 학습 내용에서 뚜렷한 차이를 보입니다. 두 분야는 모두 화학 반응을 이해하고 활용한다는 공통점을 가지지만, 각기 다른 방향에서 그 지식을 다룹니다.

화학 vs 화학공학

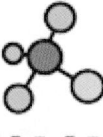

화학
물질의 성질 등을
원리로서 연구

- 일반화학
- 유기화학
- 무기화학
- 물리화학

화학공학
화학을 이용하여
공정을 연구

- 화학공정
- 반응공학
- 분리공정
- 공정제어

화학과 생명과학의 관계

화학과 생명과학은 학문적으로 긴밀하게 연결된 관계에 있으며, 서로를 깊이 있게 보완하는 분야입니다. 생명과학이 '살아 있는 생명체의 구조와 기능'을 연구한다면, 화학은 그러한 생명 현상이 '어떤 물질로 구성되어 있고 어떻게 변화하는가'를 설명하는 학문입니다.

● 생명과학은 생명체를, 화학은 그 기반을 다룬다

생명과학은 세포, 유전자, 단백질, 기관, 개체, 생태계 등 생명체 전반에 걸친 구조와 기능, 발생, 성장, 진화, 상호작용을 연구하는 학문입니다. 이 분야는 분자생물학, 세포생물학, 유전학, 생리학, 생태학 등으로 세분화되며, 생명체가 어떻게 작동하고 유지되는지를 밝히는 것을 목표로 합니다. 하지만 생명체를 구성하는 모든 것은 결국 화학 물질이며, 생명 현상 자체는 수많은 화학 반응의 연속입니다.

예를 들어, DNA는 유전 정보를 저장하는 거대한 분자이고, 단백질은 세포 내에서 촉매, 구조, 운반 등 다양한 기능을 수행하는 고분자입니다. 신경전달, 에너지 생산, 호르몬 반응 등도 모두 분자 간의 정교한 화학 반응으로 이루어집니다. 이처럼 화학은 생명 현상을 가능하게 하는 작동 원리를 설명하는 데 핵심적인 도구가 됩니다.

● 생명과학과 화학은 어떻게 서로 기여하는가?

화학은 생명과학의 발전에 여러 방식으로 기여합니다. 예를 들어 생체 분자의 구조 분석(예: 단백질 결정 구조, DNA 이중나선 등), 효소 반응의 메커니즘 규명, 신약 개발을 위한 분자 설계, 대사 경로의 에너지 흐름 분석 등 등은 화학 지식 없이는 불가능한 연구 주제입니다.

반대로, 생명과학은 생명체 내에서 일어나는 복잡하고 정교한 화학 반응을 연구함으로써, 화학 반응의 효율성, 반응 조건, 환경 적응성 등을 이해하고, 화학이 단순한 실험실 반응을 넘어 생체 환경에서의 반응 원리를 파악하는 데 도움을 줍니다.

이러한 맥락에서 볼 때, 생명과학은 화학의 특수한 응용 분야라고 할 수 있습니다. 생명과학은 '살아 있는 화학 시스템'을 다루고, 화학은 그 시스템을 분자 수준에서 해석하고 조작할 수 있는 방법을 제공합니다.

생명과학은 생명체를 이해하려는 과학이고, 화학은 그 생명 현상이 일어나는 분자적 기반을 제공하는 과학입니다. 생명체의 모든 활동은 물질의 성질과 변화—즉, 화학 반응—에 의해 이루어지기 때문에, 화학 없이는 생명과학도 존재할 수 없습니다.

결국, 화학은 생명과학의 기반 언어이자 핵심 원리이고, 생명과학은 화학의 응용 무대이기도 합니다. 두 학문은 함께 발전하며, 살아 있는 세상을 더 깊이 이해하고, 인류의 삶을 개선해 나가는 데 필수적인 동반자입니다.

화학과 신소재공학의 차이

화학과 신소재공학은 모두 물질을 연구하는 학문이지만, 그 목적과 접근 방식에는 뚜렷한 차이가 있습니다.

● 화학은 '물질의 본질'을, 신소재공학은 '새로운 기능'을 탐구한다

화학은 원자와 분자 수준에서 물질의 조성, 구조, 성질, 변화 과정을 이해하는 기초 학문입니다. 어떤 물질이 왜 특정한 성질을 가지는지, 어떤 조건에서 어떻게 반응하는지를 규명하며, 이론과 실험을 통해 물질의 근본적인 원리를 밝히는 데 중점을 둡니다.

반면, 신소재공학은 이러한 화학적 이해를 바탕으로, 새로운 기능과 특성을 지닌 물질을 설계하고 응용하는 공학적 분야입니다. 목표는 단순한 이해를 넘어, 산업과 실생활에 필요한 소재를 실제로 개발하고 활용하는 데 있습니다. 예를 들어, 스마트폰의 터치스크린, 전기차 배터리, 바이오센서, 반도체 칩 등은 모두 신소재공학의 응용 결과이며, 이들 각각에는 복합적인 화학적 원리가 내포되어 있습니다.

● 신소재공학은 화학을 기반으로 융합하는 응용 학문

신소재공학은 화학 지식을 기반으로 하되, 여기에 물리학, 화학공학, 재료역학 등의 지식을 융합하여 새로운 물질을 설계하고 기능화하는 학문입니다. 특히 소재가 사용될 환경에서 요구되는 기계적 강도, 전기적 성능, 열전도율, 내화

학성 등 다양한 조건을 만족시키는 물질을 찾고, 이를 실제 제품화하는 데 초점을 둡니다.

신소재공학은 유기화학, 무기화학, 물리화학, 고분자화학 등 화학 전 분야의 지식을 폭넓게 활용하며, 이를 제품 개발과 소재 응용에 연결합니다. 분야별로 필요한 화학적 이해를 상황에 맞게 적용하는 것이 특징입니다. 요약하면, 화학은 물질을 구성하는 원자·분자의 세계를 깊이 있게 탐구하는 기초학문이고, 신소재공학은 그러한 화학 지식을 바탕으로 새로운 물질을 실제로 만들어 응용하는 공학입니다.

화학이 '이 물질은 왜 이런 성질을 가질까?'를 묻는다면, 신소재공학은 '이 물질을 어디에, 어떻게 쓰면 좋을까?'를 묻습니다. 따라서 신소재공학은 화학을 기반으로 실생활에 필요한 물질을 개발하는 응용형 학문이며, 두 학문은 각각 이해(화학)와 응용(신소재공학)이라는 역할로 서로를 보완합니다. 현대 산업에서는 두 분야의 협력이 필수이며, 나노기술, 전자소재, 에너지 저장소재 등 다양한 첨단 분야에서 이들의 융합이 빠르게 발전하고 있습니다.

화학과 고분자공학의 차이

화학과 고분자공학은 모두 물질의 구조와 특성을 연구한다는 공통점이 있지만, 기초와 응용, 이해와 활용이라는 관점에서 학문적으로 뚜렷한 차이를 보입니다.

● 화학은 고분자를 포함한 물질 전반을 연구

화학은 원자와 분자의 결합, 물질의 구조, 성질, 반응 등의 기초 원리를 이해하는 학문입니다. 고분자화학은 화학의 한 분야로서, 고분자(Polymer)가 어떤 반응 메커니즘으로 생성되고, 그 구조와 크기에 따라 물성이 어떻게 달라지는지를 다룹니다. 이때 주로 유기화합물의 중합 반응, 분자량 분포, 고분자의 열적·화학적 안정성 등이 핵심 주제가 됩니다.

화학자들은 실험을 통해 새로운 고분자 물질을 합성하고, 그 분자의 특성을 분석하며, 반응 조건이나 촉매의 영향을 연구합니다. 이처럼 화학은 고분자의 근본적인 형성과 구조 이해에 초점을 둡니다.

● 고분자공학은 고분자 물질의 가공과 응용에 집중

고분자공학은 화학에서 연구한 고분자의 특성을 바탕으로, 실제 제품에 적용 가능한 재료로 개발·가공·활용하는 데 초점을 둡니다. 즉, 고분자의 화학적 이해를 바탕으로 열가소성/열경화성, 기계적 강도, 가공성, 내열성, 내화학성 등 실제 응용에 필요한 성능을 구현하는 것이 핵심입니다.

고분자공학은 섬유, 플라스틱, 필름, 접착제, 의료용 소재, 자동차·전자 부품 등 일상생활과 산업 전반에 활용되는 고분자 제품의 생산성과 기능성 향상을 위한 기술 중심의 학문입니다.

● 신소재공학과의 관계 vs. 화학과의 유사성

고분자공학은 탄소 기반 유기 고분자 물질을 주로 다루며, 이는 유기화학에 기반한 분자 설계 및 합성으로부터 출발합니다. 이러한 점에서 이론적으로는 화학과 유사한 면이 많습니다. 하지만 실질적으로는 신소재공학과 더 가까운 성격을 가지고 있습니다.

신소재공학은 금속, 세라믹, 복합재료 등 다양한 물질을 포함하며 고분자공학은 그 중에서도 고분자를 핵심 소재군으로 다룹니다. 단, 신소재공학은 무기화합물과 금속재료 중심, 고분자공학은 유기화합물 중심이라는 차이점이 있습니다.

정리하자면, 화학은 고분자를 포함한 물질의 기초적 원리와 반응 메커니즘을 탐구하는 학문이고, 고분자공학은 그 고분자를 실제 제품으로 구현하고 응용하는 공학적 분야입니다. 두 분야는 서로 긴밀하게 연결되어 있으며, 기초 과학과 응용 기술의 이상적인 조화를 보여주는 대표적인 예라 할 수 있습니다.

화학과 인근 학문과의 관계

화학은 자연과학의 중심에 있는 학문으로, 다양한 분야와 깊이 있게 연결되어 있습니다. 현대 과학기술의 발전은 단일 학문만으로 이루어질 수 없으며, 화학은 물질과 반응에 대한 보편적인 이해를 바탕으로 다른 학문들을 연결하고 융합하는 핵심적인 역할을 수행합니다.

● **화학과 물리학: 상호 보완적 기초 학문**

화학과 물리학은 상호 보완적인 관계에 있습니다. 물리학은 힘과 에너지, 입자의 운동, 전자기적 상호작용 등 자연의 보편적인 법칙을 설명하며, 화학은 이러한 물리 법칙을 바탕으로 물질이 실제로 어떻게 결합하고 변화하는지를 탐구합니다.

예를 들어, 물리학은 전자가 어떻게 움직이는지를 설명하고, 화학은 그 전자들이 어떤 방식으로 결합하여 분자를 형성하는지를 연구합니다. 이처럼 화학과 물리학은 서로의 기반이 되는 학문이며, 개념과 원리를 공유하는 기초 과학의 양대 축이라 할 수 있습니다.

● **생명과학, 신소재공학, 고분자공학: 화학을 활용하는 응용 중심 학문**

생명과학, 신소재공학, 고분자공학은 화학을 응용하여 인류에 유용한 물질과 기술을 개발하는 것을 목표로 하는 응용과학 분야입니다.

생명과학은 생명체 내부에서 일어나는 복잡한 화학 반응을 바탕으로 질병 치료, 유전자 조작, 생물 기능 이해 등을 가능하게 합니다.

신소재공학은 화학적 구조를 기반으로 새로운 기능성 재료를 설계하고, 에너지 저장소재, 전자재료, 바이오소재 등으로 활용합니다.

고분자공학은 유기화학을 토대로 탄소 중심의 고분자 물질을 설계·합성하고, 이를 통해 플라스틱, 섬유, 의료 소재 등 다양한 산업 분야에 적용합니다.

이들 세 분야는 화학과 연구 대상 및 방법이 매우 유사하며, 대부분 화학적 원리를 실생활에 적용하는 방향으로 발전하고 있습니다.

● 화학공학: 실용성과 시스템 중심의 공정 기술

화학공학은 위의 분야들과는 조금 다른 성격을 가집니다. 화학공학은 화학을 포함한 다양한 기초 과학을 대규모 공정에 응용하여, 물질을 안전하고 효율적으로 생산하고 운용하는 시스템을 설계하고 최적화하는 학문입니다.

즉, 화학이 물질의 반응을 이해하고, 생명과학, 신소재공학, 고분자공학이 그 물질을 개발하고 응용하며, 화학공학은 그 물질을 '어떻게 대량으로, 경제적으로, 안전하게 만들 것인가'에 초점을 맞춥니다.

따라서 화학공학은 같은 물질을 다루더라도, 목적과 관점이 다르며, 시스템 설계, 공정 운영, 생산성 향상, 환경 안전 등 엔지니어링 중심의 접근이 핵심이며, 화학은 이 모든 분야와 연결되어 있으며, 학문 간의 다리 역할을 수행하면서 기초 이론부터 첨단 기술 응용까지 넓은 스펙트럼에서 중심축으로 기능하고 있습니다.

반도체 생산에서 화학, 물리, 신소재공학, 화학공학의 역할

반도체는 전기를 제어하고 정보를 저장·처리하는 전자 소자의 핵심입니다. 오늘날의 스마트폰, 컴퓨터, 인공지능, 자율주행차, 클라우드 서버 등 거의 모든 첨단 산업의 기반이 반도체에 있으며, 그 제조 과정은 화학, 물리, 신소재공학, 화학공학이 융합된 고도 복합 산업입니다.

● 전신과 진공관에서 시작된 반도체의 역사

과거에는 전신을 통해 전기 신호를 먼 곳으로 보내는 것이 통신의 핵심이었습니다. 그러나 먼 거리로 신호를 보낼수록 신호가 약해지는 문제가 발생했고, 이를 해결하기 위해 진공관이 사용되어 신호를 증폭했습니다. 하지만 진공관은 크고 전력 소모가 많으며 수명이 짧다는 단점이 있었습니다.

이러한 한계를 극복하고자, 반도체 물질의 전기적 특성에 대한 연구가 활발히 진행되었고, 그 결과로 트랜지스터의 원리가 발견되었습니다. 이후 실리콘 기반 트랜지스터가 개발되었고, 이 기술은 발전을 거듭하며 수많은 트랜지스터를 한 칩에 집적한 집적회로(IC) 기술로 발전했습니다.

● 메모리 반도체의 원리와 집적도

메모리 반도체는 수많은 트랜지스터를 배열해 정보를 저장하는 소자입니다. 예를 들어, 64K DRAM은 약 6만 4천 개의 DRAM 셀이, 현재 주력 제품인 16GB DRAM에는 약 160억 개의 DRAM 셀이 들어 있습니다. 이러한 고집적 반도체를 생산하려면 정밀하고 반복 가능한 미세 가공 기술이 필요하며, 이는 다양한 학문적 지식을 융합해 이루어집니다.

● 물리학의 역할: 빛과 정밀도의 제어

반도체 제조는 마치 사진을 찍고 인화하는 것과 유사하게, 패턴을 웨이퍼에

인쇄하는 노광 공정이 핵심입니다. 노광 장비는 빛을 이용해 패턴을 새기며, 광학, 회절, 간섭, 파장 제어, 초점 정렬 등 고도의 물리학적 원리가 적용됩니다. 물리학은 반도체의 동작 원리뿐 아니라, 미세 구조를 얼마나 정밀하게 구현할 수 있는지를 이해하는 데도 필수입니다.

● **화학의 역할: 반응 제어와 물질 변환**

노광 공정에서 웨이퍼 표면에 도포된 감광제(포토레지스트)는 빛을 받아 화학 반응을 일으키며 회로 패턴을 형성합니다. 이후 진행되는 식각, 세정, 도핑, 증착 등 거의 모든 공정은 화학 반응을 정밀하게 제어하는 과정입니다. 이 모든 단계에서 반응 속도, 선택성, 안정성, 표면 에너지 이 모든 화학적 요인들은 미세 공정의 품질과 일관성에 직접 영향을 미칩니다.

● **신소재공학의 역할: 새로운 소재로 진보를 이끌다**

신소재공학은 화학과 물리의 지식을 통합해 새로운 반도체 소재를 개발하고 적용하는 분야입니다. 예를 들어 실리콘 외에도 GaN, SiC, 그래핀, 2차원 소재 등 차세대 반도체 재료, 고유전율 절연체(HK), 저유전율 금속 배선(LK) 등 소재의 혁신은 모두 신소재공학의 영역입니다. 신소재공학자들은 소재의 물리·화학적 특성을 기반으로 다른 학문과 협업하여 공정 혁신과 소자 성능 향상을 이끕니다.

● 화학공학의 역할: 공정 최적화와 시스템 설계

화학공학은 반도체 제조 공정을 시스템 관점에서 바라보고, 안정적이고 효율적인 운영을 설계하는 데 중점을 둡니다. 예를 들어 장비 내부의 가스 흐름 제어, 온도·압력 조건의 정밀 제어, 생산 수율 개선, 폐수 및 유해가스 처리 등 환경 공정 설계 등을 연구합니다. 즉, 화학공학은 개별 공정들을 통합해 최적의 생산 시스템을 구성하며, 환경성과 지속 가능성까지 고려하는 엔지니어링적 접근을 합니다.

● 학문 간 경계가 흐려지는 첨단 산업

반도체 산업은 대표적인 융합형 산업으로, 다양한 학문이 서로 다른 역할을 수행하면서도 하나의 목표를 향해 유기적으로 협력하는 구조를 가지고 있습니다.

화학과 물리학은 반도체의 작동 원리와 공정 기술의 기초 이론을 제공하며, 신소재공학은 이러한 이론을 바탕으로 실질적인 소재 구현과 응용을 담당하고, 화학공학은 개발된 기술을 대규모 공정으로 확장하고 효율적이고, 안전하게 운영하는 역할을 맡습니다.

이처럼 각 학문은 서로 다른 출발점을 가지고 있지만, 같은 기술 목표를 향해 유기적으로 협력하며, 전통적인 학문 경계는 점점 희미해지고 있습니다.

반도체 생산은 단일 학문으로는 실현할 수 없는 고도로 복합적인 기술입니다. 학문 간 융합은 선택이 아닌 필수 조건이며, 미래 과학기술의 경쟁력은 전통적인 구분을 넘는 통합적 사고와 협력 역량에 달려 있습니다.

2. 화학에 사용되는 단위와 개념들

화학을 공부하다 보면 가장 먼저 마주하게 되는 장벽 중 하나가 바로 다양한 단위와 개념입니다. 화학은 물질의 구조와 변화를 다루는 학문이기 때문에, 그 특성상 길이, 질량, 부피, 농도, 온도, 에너지, 열량 등 수많은 물리적 양을 수치로 표현하고 계산해야 합니다. 이때 사용되는 단위와 개념을 정확히 이해하지 못하면, 이후의 화학 개념과 계산에서 쉽게 혼란을 겪게 됩니다.

예를 들어, 물의 부피를 리터로 표현할지 밀리리터로 표현할지, 고체의 질량을 그램으로 쓸지 킬로그램으로 바꿔야 할지, 혹은 용액의 농도를 퍼센트로 나타낼지 몰 농도로 나타낼지 등, 기초적인 단위 개념이 화학에서 매우 중요하게 작용합니다.

또한, 물리적 성질과 화학적 성질, 물리 변화와 화학 변화, 혼합물과 화합물의 차이 등은 화학을 이해하는 데 필수적인 기본 개념입니다. 이 개념들은 외형적으로 비슷해 보일 수 있지만, 실제로는 화학 반응을 이해하고 예측하는 데 중요한 기준이 되며, 다양한 실험과 산업적 응용에서도 기본이 됩니다.

이 장에서는 자주 사용되는 기본 단위(길이, 부피, 질량 등), 비중과 밀도의 개념과 차이, 온도, 열량, 비열 등 에너지 관련 단위, 농도의 여러 표현 방식, 물질의 물리적/화학적 성질과 변화 구분, 화합물과 혼합물의 정의와 예시 등의 내용을 다룹니다:

이 단원은 화학을 본격적으로 공부하기 위한 언어와 계산 도구를 익히는 준비 단계로 볼 수 있습니다. 단위와 개념을 명확히 이해하면, 이후에 배우게 될 화학 반응식, 몰 계산, 용액 조제, 열역학 등의 개념을 훨씬 수월하게 받아들일 수 있습니다.

길이 단위

길이는 화학에서 물질의 크기나 구조를 표현하는 데 기본이 되는 단위입니다. 특히 원자, 분자, 나노입자, 반도체 선폭 등 매우 작은 세계를 다루는 화학에서는 일반적인 단위보다 훨씬 작은 길이 단위가 필요합니다.

● 화학에서 사용되는 길이 단위: 미터법

화학에서 주로 사용하는 길이 단위는 국제단위계(SI)의 기본 체계인 미터법입니다. 기본 단위는 미터(m)이며, 여기에 접두어를 붙여 다양한 크기를 표현합니다.

k = 1,000배, c = 1/100, m (milli) = 1/1,000, μ (micro) = 1/1,000,000, n (nano) = 1/1,000,000,000

단위	기호	의미	미터환산	예시
킬로미터	km	1,000배	1 km = 1,000 m	거리, 도로 길이 등
미터	m	기준 단위	1 m	실험 장비 길이 등
센티미터	cm	1/100	1cm = 0.01m	시험관 지름 등
밀리미터	mm	1/1,000	1mm = 0.001m	실린더 벽 두께 등
마이크로미터	μm	1/1,000,000	1 μm = 10^{-6} m	세포, 박테리아 크기
나노미터	nm	1/1,000,000,000	1 nm = 10^{-9} m	DNA 폭, 반도체 선폭
옹스트롬	Å	1/10 nm	1 Å = 0.1 nm	원자간 거리, 결합 길이

● 화학적 길이 단위가 사용되는 예시

대상	크기
적혈구	약 7~8 μm
박테리아	약 1~5 μm
바이러스	약 20~300 nm
DNA 이중나선의 지름	약 2 nm
화학 결합 길이	약 0.1~0.2 nm 또는 1~2 Å
반도체 선폭 (공정 크기)	10 nm 이하, 일부는 5 nm 이하
가시광선 파장	약 400~700 nm

부피 단위

부피는 물질이 공간 속에서 차지하는 크기를 나타내는 단위입니다. 화학에서는 주로 액체의 양을 측정할 때 사용되며, 용액 조제, 농도 계산, 반응물의 양 측정 등 실험과 실생활에서 모두 핵심적인 단위입니다.

● 리터(L)와 그 하위 단위

화학에서는 국제단위계(SI)와 더불어 리터(L)를 기준으로 한 단위를 자주 사용합니다.

단위	기호	환산 관계	설명 및 예시
리터	L	1 L = 1,000 mL = 1,000 cm³	생수병, 음료, 실험 시약 등
데시리터	dL	1 dL = 0.1 L	영양성분 표시 등 일상에서 가끔 사용
밀리리터	mL	1 mL = 0.001 L = 1 cm³	실험용 시약, 주사기, 조리 등
마이크로리터	μL	1 μL = 0.000001 L = 10^{-6} L	미세 시료 분석, 피펫 사용 등

1 mL = 1 cm³는 부피와 체적이 서로 동등하다는 뜻으로, 실험에서 두 단위를 혼용해 사용하기도 합니다.

● 부피와 질량의 연관성: 물을 기준으로

화학에서는 순수한 물을 기준으로 부피와 질량의 개념을 연결하는 경우가 많습니다. 가장 일반적인 조건인 섭씨 4도(4 ℃), 1기압에서 1cm³(세제곱센티미터)의 순수한 물은 1g(그램)의 질량을 갖습니다. 이로부터 다음과 같은 관계를 유도할 수 있습니다:

1cm³ 물 ≈ 1g

1,000cm³ = 1L → 물 1L ≈ 1,000g = 1kg

이 관계는 물의 밀도가 1.0 g/cm³인 조건에서 성립하며, 기초적인 농도 계산이나 부피-질량 전환의 기준으로 자주 사용됩니다.

● 실생활 감각과 연결하기(표로 만들 것)

사례	설명
물 1L	가로·세로·높이 10cm의 정육면체 부피. 무게 약 1kg
맥주 500cc 잔	약 500 mL, 물과 비슷한 밀도라면 무게도 약 500g
콜라 1.8L 페트병	무게 약 1.8 kg (내용물이 물일 경우)
시약 병에 10 mL 표기	실험실에서 사용하는 소형 시약의 일반 부피
마이크로피펫으로 50 μL 사용	미세한 유전자, 단백질 분석 등 생명과학 실험에서 사용

이처럼 부피 단위를 일상적인 물품과 연결해 익숙해지면, 실험은 물론 생활 속에서도 단위를 보다 직관적으로 이해할 수 있게 됩니다.

무게와 비중

물질의 질량을 측정하는데 그램(g), 킬로그램(kg), 밀리그램(mg)의 단위를 사용합니다. 보다 큰 질량을 측정할 때는 톤(ton) 단위를 쓰며, 1톤은 1,000kg입니다.

비중은 어떤 물질이 물과 비교해 얼마나 무거운지를 나타내는 값입니다. 기준이 되는 물의 비중은 1이며, 어떤 물질의 비중이 2라면, 같은 부피에서 그 물질이 물보다 2배 무겁다는 의미입니다. 예를 들어, 500cc 잔에 비중이 2인 물질이 담겨 있다면, 그 질량은 1kg이 됩니다.

모든 원소의 비중은 서로 다릅니다. 철의 비중은 7.85, 구리의 비중은 8.93, 금의 비중은 19.32인 반면에 알루미늄의 비중은 2.7 이며, 탄소섬유의 비중은 약 1.8정도입니다.

자동차에 알루미늄 합금을 점점 더 많이 사용하는 이유는 차량을 가볍게 하여 연비를 높일 수 있기 때문입니다. 비행기의 날개를 탄소섬유로 제작하면 무게를 줄여 연비 향상에 기여할 수 있습니다. 최근에는 알루미늄 합금과 탄소섬유의 사용 비중이 점차 높아지고 있지만, 이러한 소재들이 고가이기 때문에 사용에는 일정한 한계가 있습니다.

액체들이 비중이 달라도 섞이는 이유

물질을 분자 수준에서 보면, 전하 분포가 양극(+)과 음극(-)으로 나누어지는 물질을 극성 물질, 그렇지 않은 물질을 비극성 물질이라고 합니다.

극성 물질은 다른 극성 물질과 전기적인 인력으로 서로를 끌어당기는 성질이 있습니다. 예를 들어, 에탄올과 물은 모두 극성 물질이기 때문에 서로를 강하게 끌어당겨 섞인 상태를 유지하게 됩니다.

에탄올의 비중은 약 0.789 g/cm^3로 물보다 가볍지만, 물과 에탄올이 분리되지 않는 이유는 두 물질 사이의 전기적인 인력이 중력보다 크기 때문입니다. 즉, 비중 차이로 인한 분리보다 극성 간의 전기력 작용이 더 강하게 작용하는 것입니다.

한편, 두 액체가 모두 비극성 물질일 경우에도, 분자의 크기 차이가 크지 않고, 구조적으로 특별한 방해 요소가 없다면, 분자 간의 약한 인력에 의해 잘 섞이는 경향을 보입니다. 반대로, 극성 물질과 비극성 물질은 일반적으로 잘 섞이지 않습니다. 예를 들어, 기름은 비극성 물질, 물은 극성 물질이기 때문에 서로 섞이지 않고 기름이 물 위에 떠 있게 됩니다.

그렇다면 왜 비극성 사이에서는 잘 섞이지만, 극성과 비극성은 잘 섞이지 않을까요? 그 이유는 극성 물질 사이에는 전기력으로 서로를 강하게 끌어당기지만, 비극성 물질은 그 인력에 끼어들 수 없기 때문입니다. 극성 분자들 사이만 결합하려는 성질 때문에 비극성 물질은 밀려나고, 결국 두 물질이 분리되는 결과를 낳습니다. 그래서 극성 물질과 비극성 물질은 잘 섞이지 않는 것입니다.

● 일상 속 예시

조합	섞임 여부	설명
물 + 에탄올	섞임	모두 극성, 수소결합 가능
물 + 식초	섞임	둘 다 극성
물 + 기름	분리됨	극성 + 비극성
기름 + 벤젠	섞임	둘 다 비극성
물 + 핵산	분리됨	극성 + 비극성

기체의 비중

기체의 비중은 일반적으로 표준 상태(0℃, 1기압)에서 공기를 기준으로 한 상대적인 밀도를 나타냅니다. 예를 들어, 수소의 비중이 0.0695라는 것은, 수소가 공기보다 약 14.3배 가볍다는 뜻입니다. 기체의 비중은 산소는 1.11, 질소는 0.97, 이산화탄소는 1.5, 일산화탄소는 0.97입니다.

이처럼 공기를 구성하는 각 분자들의 비중은 서로 다르지만, 우리는 일상에서 이들이 분리되지 않고 균일하게 섞여 있는 상태로 공기를 마십니다. 그 이유는 기체 분자들이 서로를 끌어당기는 힘이 존재할 뿐만 아니라, 기체 분자들이 끊임없이 빠르게 운동하며 서로 충돌하기 때문입니다. 이러한 운동은 작은 비중 차이 정도로는 기체를 층별로 분리시키지 못합니다.

이를 이해하기 위해선 공기의 구조를 살펴볼 필요가 있습니다. 공기는 실제로 대부분이 빈 공간으로 이루어져 있으며, 약 1/1000의 부피만을 기체 분자들이 차지하고 있습니다. 즉, 우리가 마시는 공기는 물처럼 밀도가 높은 연속체가 아니라, 99.9%의 진공과 0.1%의 기체 분자들로 구성되어 있습니다. 그 0.1% 중에서도 질소가 약 79%, 산소가 약 21%를 차지합니다.

그렇다면, 공기 풍선 안도 대부분 진공인데, 왜 풍선이 빵빵한 형태를 유지할 수 있을까요? 그 이유는, 그 적은 양의 기체 분자들이 매우 빠른 속도로 끊임없이 풍선 내부를 때리고 있기 때문입니다. 이러한 분자들의 운동과 충돌은 기압을 형성하고, 그 결과 풍선은 형태를 유지할 수 있게 되는 것입니다.

농도

농도란 용액 속에 용질이 얼마나 많이 녹아 있는지를 나타내는 수치로, 용액의 '진함' 정도를 의미합니다. 농도를 정확하게 알기 위해서는 용액, 용질, 용매라는 용어를 정확히 알아야 합니다.

예를 들어, 물 90g에 소금 10g을 녹여 소금물 100g을 만들었다면 소금물 100g은 용액이고, 물 90g은 용매이고, 소금 10g은 용질입니다. 이처럼 질량(무게)을 정확히 잴 수 있는 경우에는 질량 백분율 농도를 사용합니다. 반면에 알코올 20mL를 물 80mL 섞어 만든 100mL의 농도는 부피 농도로 알코올 20%입니다.

일반적으로 고체를 녹여 용액을 만들 경우 질량 백분율 농도를 사용하고, 액체를 합하여 만들 경우 부피 농도를 주로 사용합니다. 이외에 화학에서는 몰 농도와 몰랄 농도가 사용되기도 합니다.

수돗물의 중금속 농도, 대기 중 오염물질의 농도, 식품 속 방부제 함량 등 극소량의 물질 농도를 표현할 때는 ppm(parts per million)은 100만 분의 1, ppb(parts per billion)는 10억 분의 1, ppt(parts per trillion)는 1조 분의 1을 나타내는 단위가 사용합니다.

온도

섭씨온도(℃)는 물의 어는점을 0℃, 끓는점을 100℃로 정한 온도 척도입니다. 절대온도(K)는 물질의 온도가 낮아질수록 분자의 운동이 감소하다가 완전히 멈추는 지점인 절대영도(-273.15℃)를 0K로 정의한 척도입니다.

온도는 물질을 구성하는 분자들의 평균 운동 에너지와 직접적으로 관련된 물리량입니다. 기체 분자의 평균 운동 에너지는 절대 온도(T)에 비례하며, 온도가 높아질수록 분자들의 평균 제곱 속력이 커지고, 따라서 평균 운동 에너지도 증가합니다. 개별 분자의 실제 속도를 직접 측정하는 것은 매우 어렵기 때문에, 화학에서는 이상기체 상태 방정식을 활용하여 압력과 부피로부터 간접적으로 온도를 계산합니다.

생활 속에서는 섭씨온도를 사용하고, 보통 영하 20℃에서 영상 100℃ 사이를 주로 인식합니다. 반면, 화학 및 과학 분야에서는 절대 온도(K)가 주로 사용되며, 0K (절대영도)부터 수천~수억 K에 이르는 핵융합 온도까지 다루기도 합니다. 이처럼 온도는 단순한 숫자가 아닌, 분자 운동과 에너지 상태를 반영하는 중요한 물리량이며, 화학 반응의 속도, 상태 변화, 기체의 부피 등 다양한 현상을 이해하는 데 핵심적인 역할을 합니다.

열량

열량은 물질이 흡수하거나 방출하는 열에너지의 양을 나타내는 물리량입니다. 주로 칼로리(cal) 또는 줄(J) 단위로 측정됩니다. 화학 반응이 일어날 때 발생하는 반응열, 물질의 상태가 변할 때 발생하는 융해열, 증발열 등이 대표적인 열량 현상입니다.

1칼로리(cal)는 물 1g의 온도를 1℃ 올리는 데 필요한 열의 양으로 정의됩니다. 1줄(J)은 1뉴턴(N)의 힘으로 물체를 1미터(m) 이동시킬 때 필요한 에너지입니다. 열량은 화학 반응의 에너지 변화, 물질의 상태 변화, 열역학 계산 등에서 매우 중요한 기본 개념입니다.

비열과 열전도율

비열은 어떤 물질 1g의 온도를 1℃ 올리는 데 필요한 열량을 말합니다. 즉, 물질이 열을 얼마나 쉽게 흡수하고 방출하는지를 나타내는 물리량입니다. 비열의 단위는 cal/g·℃ 또는 J/g·K를 사용합니다.

열전도율은 물질이 열을 얼마나 잘 전달하는지를 나타내는 지표입니다. 일반적으로 금속은 자유 전자가 많기 때문에 열전도율이 매우 높으며, 비열은 상대적으로 작습니다. 반면, 비금속이나 부도체는 자유 전자가 거의 없어 열전도율이 낮고, 비열은 상대적으로 클 수 있습니다.

단, 비열이 작다고 해서 열전도율이 반드시 높은 것은 아닙니다. 일부 물질에서 이러한 경향이 나타날 수 있지만, 항상 그렇지는 않습니다.

물질	비열 (J/g·K)	열전도율 W/(m·K)	비고
물	4.18	약 0.6	액체, 약 20℃
얼음	2.06	약 2.2	약 0℃
수증기	2.01	약 0.023	100℃, 1기압
공기	1.01	약 0.026	약 25℃
철	0.45	약 80	
구리	0.385	약 400	
알루미늄	0.902	약 205	
금	0.129	약 317	
유리	0.84	약 0.8	
나무	1.7	약 0.04~0.4	

물질의 비열과 열전도율

이 표에서 알 수 있듯이, 물은 액체 상태에서 비열이 가장 높습니다. 이러한 높은 비열 덕분에 지구에는 생명체가 존재할 수 있습니다. 우리 몸의 약 70%가 물로 이루어져 있기 때문에, 외부 온도가 변해도 체온을 일정하게 유지할 수 있는 것입니다.

또한, 유리는 금속에 비해 열전도율이 매우 낮습니다. 그런데 유리 세 겹 사이에 공기층을 넣은 삼중유리는 공기의 낮은 열전도율 덕분에 뛰어난 단열 성능을 발휘하여 창호 재료로 널리 사용됩니다. 게다가, 햇볕이 유리를 통과해 태양 복사 에너지가 집 안으로 들어오기 때문에, 겨울철에는 실내를 따뜻하게 유지할 수 있어 난방비 절감 효과도 큽니다. 이중 유리나 삼중 유리를 창호에 사용하는 것은 에너지 효율을 높이고 환경을 보호하는 데 매우 유리한 선택입니다.

물질의 물리적 성질과 화학적 성질

물질의 고유한 성질을 알 경우 해당 물질을 다른 물질과 구별할 수 있게 하고, 그 물질이 어떤 환경에서 어떤 변화를 일으킬지 예측할 수 있습니다. 이는 새로운 물질을 합성하거나 기존 물질의 성질을 개선하는 데 중요한 기초가 됩니다.

물리적 성질은 색깔, 냄새, 맛, 밀도, 녹는점, 끓는점, 경도, 전기 전도성, 열전도성 등과 같이 물질의 본질적인 성질을 변화시키지 않고 관찰하거나 측정할 수 있는 성질입니다.

화학적 성질은 어떤 물질이 다른 물질에 산소를 공급하거나 전자를 빼앗거나 주는 능력, 다른 물질과 반응하여 열과 빛을 내는 성질, 다른 물질을 부식시키거나 녹이는 성질, 다른 물질과 쉽게 반응하여 새로운 물질을 생성하는 성질 등, 물질이 다른 물질과 화학 반응을 통해 새로운 물질로 변할 수 있는 성질을 말합니다. 이러한 화학적 성질을 알면, 어떤 물질이 특정 조건에서 어떻게 반응할지 예측할 수 있고, 신약, 신소재, 에너지 소재 등 새로운 물질의 설계와 합성에 매우 유용하게 활용됩니다.

물리적 변화와 화학적 변화

물이 얼어서 얼음이 되는 것이나, 설탕이 물에 녹는 것이나, 종이를 찢는 것 등과 같이 물질의 원자나 분자의 배열은 바뀌지 않고, 물질의 고유한 성질이 그대로 유지되면서 상태나 모양만 변하는 경우를 물리적 변화라고 합니다.

반면 화학적 변화는 철이 녹스는 것이나, 나무가 타는 것, 음식이 소화되는 것 등과 같이 물질의 원자나 분자의 배열 자체가 바뀌고, 물질이 완전히 다른 새로운 물질로 변화하는 경우를 화학적 변화라고 합니다.

이렇게 물질의 변화를 물리적 변화와 화학적 변화를 나누는 것은, 물리적 변화는 대부분 실험 조건(온도, 압력 등)을 조절하면 되돌릴 수 있는 경우가 많습니다. 반면, 화학적 변화는 새로운 물질이 생성되기 때문에, 원래 상태로 되돌리는 것이 거의 불가능하거나 매우 어려운 경우가 많습니다.

화합물과 혼합물

우리 주변의 모든 물질은 화합물 또는 혼합물 중 하나로 분류할 수 있습니다. 이 구분은 물질이 일정한 비율로 화학적으로 결합되어 있는지, 또는 물리적으로 단순히 섞여 있는지에 따라 달라집니다.

화합물은 순수한 물질로, 일정한 비율로 원자들이 화학 결합하여 만들어진 물질입니다. 혼합물은 두 종류 이상의 순수한 물질이 물리적으로 섞여 있는 상태로, 화학적 결합이 없는 경우를 말합니다.

● 혼합물이란?

혼합물은 두 종류 이상의 순수한 물질이 화학적 결합 없이 물리적으로 섞여 있는 것입니다. 혼합물은 섞인 성분들이 각각의 성질을 그대로 유지하며, 성분의 비율도 자유롭게 조절할 수 있습니다.

예를 들어 소금물은 물 + 소금, 설탕물은 물 + 설탕, 우유는 물, 지방, 단백질 등 여러 물질의 혼합, 흙탕물은 흙 + 물, 공기는 질소, 산소, 이산화탄소 등 여러 기체의 혼합입니다. 이들 혼합물은 물리적인 방법(증류, 여과, 증발 등)으로 분리할 수 있습니다.

● 화합물이란?

화합물은 두 종류 이상의 원자가 일정한 비율로 화학 결합하여 만들어진 순수한 물질입니다. 화합물은 하나의 성분처럼 고유한 성질을 가지며, 성분 원소와는 완전히 다른 성질을 나타냅니다.

예를 들어 물(H_2O)은 수소 + 산소, 소금($NaCl$)은 나트륨 + 염소, 설탕($C_{12}H_{22}O_{11}$)은 탄소, 수소, 산소로 되어 있습니다. 이들은 모두 화합물이면서 순수한 물질입니다. 화합물은 단일한 조성과 일정한 구조를 가지고 있으며, 화학 반응을 통해서만 분해할 수 있습니다.

3. 화학의 시작

화학의 시작은 지금처럼 이론 중심의 과학이 아니었습니다. 초기의 화학은 금을 만들거나, 불로장생의 약을 얻기 위한 시도에서 출발했습니다. 고대 연금술사들은 다양한 물질을 섞고, 가열하고, 냉각하며 수많은 실험을 반복했습니다. 그 과정에서 오늘날 화학의 기반이 되는 화학 물질과 반응, 실험 도구와 방법이 하나씩 정립되기 시작했습니다.

- 화학이 과학이 된 순간: 아보가드로의 법칙

19세기에 이르러, 화학은 점점 더 경험과 직관이 아닌 수학과 논리에 기반한 과학으로 발전하게 됩니다. 대표적인 예가 아보가드로입니다. 그는 "같은 온도와 압력에서, 같은 부피의 기체는 분자 수가 같다"는 법칙을 제안했습니다. 이는 기체의 부피, 몰 개념, 분자 수 등의 정량적 계산을 가능하게 해주며 화학이 수치와 법칙으로 설명 가능한 과학으로 도약하는 계기가 되었습니다.

● 원소의 발견과 주기율표의 탄생

19세기 후반, 다양한 원소들이 발견되면서, 화학자들은 이 원소들을 성질별로 분류하기 시작했습니다. 그 결과 만들어진 것이 바로 주기율표입니다. 주기율표는 단순한 목록이 아니라, 원소들이 어떤 구조를 지니며, 어떤 성질을 가지며, 어떻게 반응할지를 예측할 수 있는 체계적인 지도입니다. 더 나아가, 아직 발견되지 않은 원소의 성질까지 예측하게 해 주었습니다.

● 원자의 구조: 고전 모델에서 양자 모형으로

20세기에는 물리학의 급격한 발전과 함께 원자에 대한 이해도 크게 달라졌습니다. 초기에는 원자를 태양계처럼 중심에 원자핵이 있고, 그 주위를 전자가 도는 구조로 생각했습니다. 그러나 이 고전적인 모델은 정밀한 실험 결과와 맞지 않았고, 결국 이를 설명하기 위해 양자역학이라는 새로운 이론이 등장하게 됩니다.

오늘날 우리는 전자를 특정한 궤도를 도는 입자가 아니라, 어떤 공간에 존재할 확률이 높은 입자로 이해합니다. 이 개념은 '오비탈'이라는 용어로 표현되며, 전자가 머무를 수 있는 공간의 형태와 에너지 수준(에너지 준위)이 수학적으로 계산됩니다.

● 양자역학이 어렵게 느껴지는 이유

우리가 일상에서 접하는 물질은 눈에 보이고 손으로 만질 수 있습니다. 그러나 양자역학에서 다루는 전자와 오비탈은 눈에 보이지 않고, 그 존재를 수학적 모델이나 그림으로만 표현해야 하는 추상적인 개념이기 때문에 처음에는 어렵게 느껴질 수 있습니다.

하지만 다행히도, 우리는 양자역학 자체를 계산하거나 증명할 필요는 없습니다. 대신, 화학자들이 양자역학을 바탕으로 도출해 낸 주기율표, 오비탈 형태, 전자 배치, 결합 양식 등의 개념을 이해하고 잘 활용하는 것이 중요합니다.

● 이제 우리는 무엇을 배울까?

앞으로 우리는 다음과 같은 흐름으로 화학을 배워갈 것입니다: 주기율표를 기반으로 원자의 구조를 이해하고, 전자 배치와 오비탈 개념을 통해 원소의 성질을 파악하며, 이러한 구조에 따라 원자들이 어떻게 결합하는지를 익히고, 결합과 반응을 통해 새로운 물질이 생성되는 원리를 학습하게 될 것입니다.

화합물 이름 부르기

화학을 처음 공부할 때 어렵게 느껴지는 부분 중 하나가 화합물의 이름을 부르는 방법입니다. 그러나 너무 겁먹을 필요는 없습니다. 실제로 화학자들도 일상적인 상황에서는 복잡한 명명법을 따르지 않고, 편한 이름이나 약속된 용어, 혹은 그냥 화학식 그대로 읽는 경우가 많기 때문입니다.

모든 물질은 원소 또는 화합물로 이루어져 있습니다. 하나의 원소로만 이루어진 물질은 원소 이름을 그대로 부르면 됩니다. 예를 들어, O_2는 산소, N_2 질소, H_2는 수소, He는 헬륨, Ar은 아르곤, Ne은 네온이라 부릅니다.

화합물의 이름을 부르는 것이 어렵게 느껴지는 이유는 다음과 같습니다.

화합물의 종류가 매우 다양하고, 각 화합물은 특정 분야에서 고유한 명칭으로 불리는 경우가 많습니다. 이 때문에 일반적인 명명법 대신 관용적으로 쓰이는 이름이나 약어가 더 자주 사용됩니다.

화학을 공부할 때 이름 부르기에서 막히는 경우가 많지만, 일반인이라면 너무 신경 쓸 필요는 없습니다. 예를 들어, Al_2O_3는 명명법에 따르면 '산화 제3알루미늄'이라고 해야 정확하지만, 실생활에서는 그렇게 부르는 경우는 거의 없습니다. 그 이유는 알루미늄(Al)의 산화 상태가 항상 +3가(즉, 전자를 3개 잃는 것)라는 사실을 화학자들이 이미 알고 있기 때문입니다. 따라서 초보자 입장에서는 규칙이 없어 보이고 복잡하게 느껴질 수 있지만, 대부분의 경우 이해하기 쉬운 표현이 더 많이 사용됩니다.

Al_2O_3는 '산화 알루미늄'이라고 부르기도 하고, 산업 현장이나 소재 분야에서는 '알루미나'라는 명칭을 더 자주 사용합니다. 또는 간단히 '에이 엘 투 오 쓰리'라고 화학식 그대로 읽는 방식도 일반적입니다. 여러분도 화합물 명칭이 어렵다면, 화학식 그대로 알파벳과 숫자를 읽어도 소통에 전혀 문제가 없습니다.

산화물 이름 부르기

산소와 다른 원소가 결합하여 만들어진 화합물을 산화물이라고 합니다. 산화물의 화학식을 쓸 때는 산소를 뒤에 쓰지만, 이름을 부를 때는 산소를 먼저 부릅니다. 이는 이 화합물이 산소와 결합되었다는 사실이 핵심적인 성질이기 때문입니다.

반면, 서양에서는 산소가 결합된 원소의 이름을 먼저 말하고 oxide(산화물)'를 뒤에 붙이는 방식으로 이름을 붙입니다. 마치 한국어에서 성 → 이름 순서이고 영어 이름은 이름 → 성 순서인 것처럼, 산화물 명명 방식도 언어마다 표현 순서가 다릅니다.

예를 들어, Na_2O는 산화 나트륨, MgO는 산화 마그네슘, Fe_2O_3는 산화 제3철, Cu_2O는 산화 제1구리, CuO는 산화 제2구리라고 부릅니다. 여기서 '제1', '제2', '제3'과 같은 표현은 금속 원소가 산소와의 반응에서 몇 개의 전자를 잃었는지를 나타냅니다.

쉽게 설명해 봅시다. 아직 원자 구조를 배우지 않았다고 가정하고, 산소는 전자를 2개 빼앗는 성질이 있다고 생각해 봅시다.

Fe_2O_3의 경우는 산소 원자 3개가 각각 전자 2개씩 총 6개의 전자를 빼앗습니다. 이 전자는 철 원자 2개로부터 빼앗기므로, 철 1개당 전자 3개를 잃게 됩니다. 따라서 철의 산화수는 +3이 되며, 이를 나타내기 위해 "산화 제3철"이라고 부릅니다.

Cu_2O의 경우는 산소 1개가 전자 2개를 빼앗지만, 구리 원자가 2개이므로

각각 전자 1개씩 빼앗기게 됩니다. 따라서 구리의 산화수는 +1이 되고, "산화 제1구리"라고 부릅니다.

CuO의 경우는 구리 1개가 전자 2개를 모두 빼앗기므로, 산화수는 +2가 되고 "산화 제2구리"가 됩니다.

비금속과 산소가 결합한 화합물도 산화물로 분류됩니다. 이 경우, 산화물의 명명은 산소 원자의 수에 따라 접두어를 붙이는 방식으로 이루어집니다.

예를 들어, CO는 '일산화탄소', CO_2는 '이산화탄소', SO_2는 '이산화황', SO_3는 '삼산화황', N_2O는 '일산화이질소', NO_2는 '이산화질소'라고 부릅니다.

염화물 이름 부르기

염화물은 염소(Cl)와 다른 원소가 결합하여 만들어진 화합물입니다. 염화물의 화학식에서는 염소(Cl)를 뒤에 쓰지만, 이름을 부를 때는 염소를 먼저 씁니다. 이는 이 물질이 염소와 결합된 화합물이라는 기본적인 성질을 강조하기 위한 것입니다.

여기에서도 산화물과 마찬가지로, 금속이 잃은 전자의 수에 따라 '제2', '제3' 등의 명칭을 붙입니다. 단, 산소와 다른 점은 염소 원자는 전자를 1개만 빼앗는다는 것입니다. 따라서 예를 들어, $FeCl_2$는 염화 제2철, $FeCl_3$는 염화 제3철이 됩니다.

우리 주변에서도 염화물은 흔히 볼 수 있습니다. 예를 들어: 염화나트륨(NaCl), 염화칼슘($CaCl_2$), 염화마그네슘($MgCl_2$), 염화암모늄(NH_4Cl), 염화칼륨(KCl), 염화은(AgCl), 염화수소(HCl) 또는 염산이라고 합니다.

한편, $CaCl_2$나 $MgCl_2$ 같은 화합물에는 '제2'라는 표현을 따로 붙이지 않습니다. 그 이유는 칼슘(Ca)이나 마그네슘(Mg)은 항상 전자를 두 개 잃는 상태로 존재하기 때문입니다. 다시 말해, 다른 산화 상태가 존재하지 않기 때문에 '염화칼슘', '염화마그네슘'이라고만 해도 각각 $CaCl_2$, $MgCl_2$를 의미한다는 것을 쉽게 알 수 있습니다.

산 이름 부르기

아직 산에 대해 본격적으로 배우지 않았기 때문에, 이 시점에서는 화학에서 산은 크게 세 종류로 나뉜다는 것만 기억하면 충분합니다. 하나는 산소를 포함하지 않는 무산소산, 또 하나는 산소를 포함하는 옥소산, 마지막으로는 탄소 화합물 중에서 산성을 띠는 유기산입니다.

● 산소를 포함하지 않는 산

이들은 수소(H) + 비금속 원소의 형태로 이루어져 있으며, 이름을 부를 때는 비금속 이름 + '화 수소산' 형식을 따릅니다. 예를 들어, HCl → 염화수소산,

H_2S → 황화수소산, HF → 불화수소산, 이러한 산은 대부분 수용액 상태에서 강한 산성을 나타내며, 일반적으로 '무산소산'으로 분류됩니다.

● 산소를 포함한 산

이들은 수소(H), 산소(O), 비금속 원소가 함께 결합한 구조로, 비금속 이름에 '산'을 붙여 이름을 부릅니다. 단, 산소 원자 수에 따라 이름이 달라지는데, 산소 수가 기준보다 적을 경우 '아~산', 산소 수가 기준보다 많을 경우 '과~산'이라는 접두어를 붙입니다.

예를 들면: H_2SO_4 → 황산, H_2SO_3 → 아황산, HNO_3 → 질산, HNO_2 → 아질산, 이처럼 산소 원자 수에 따라 접두어를 달리 붙이는 이유는, 같은 원소라도 산소와 결합한 수에 따라 산의 성질이 달라지기 때문입니다.

● 유기산

유기산은 탄소 화합물 중 산성 성질을 가지는 물질을 말합니다. 대표적인 예로는 초산(CH_3COOH), 포름산(HCOOH), 시트르산($C_6H_8O_7$) 등이 있습니다. 하지만 유기산의 명명법은 유기화합물의 구조와 명명 체계를 알아야 정확히 이해할 수 있으므로, 이 내용은 탄소 화합물 단원에서 자세히 다루도록 하겠습니다.

유기화합물에 이름 붙이기

유기화합물은 탄소를 포함한 다양한 화합물을 의미하며, 그 종류는 매우 다양합니다. 유기화합물의 이름은 국제 순수·응용화학 연합(IUPAC)에서 정한 규칙을 따릅니다. 자세한 내용은 유기화학 단원에서 다루기로 하고, 여기에서는 기초적인 명명 방식 몇 가지를 간단히 소개하겠습니다.

예를 들어, 메탄(CH_4), 에탄(C_2H_6), 프로판(C_3H_8), 부탄(C_4H_{10}) 위 화합물에서 '메'는 탄소 1개, '에'는 탄소 2개, '프로'는 탄소 3개, '부'는 탄소 4개를 의미합니다. 이때 '-탄'이라는 접미어는 탄소 간에 모두 단일 결합만 존재함을 뜻합니다.

● 알코올

메틸알코올(CH_3OH)은 메탄(CH_4)의 수소 1개가 OH기(하이드록시기)로 바뀐 형태입니다. 에틸알코올(C_2H_5OH)은 에탄(C_2H_6)의 수소 1개를 OH기로 치환한 화합물입니다. 즉, 탄소 사슬에 OH기가 붙으면 알코올이 되며, 그 이름은 원래의 탄화수소 이름에서 파생됩니다.

● 불포화 탄화수소: 이중 결합이 있는 화합물

CH_2는 메탄에서 수소가 2개 빠진 형태로, 이를 메틸렌이라고 합니다. 메틸렌은 자연 상태에서 안정하게 존재하기는 어렵습니다.

C_2H_4는 에탄(C_2H_6)에서 수소 2개가 빠지면서 탄소 간 이중 결합이 생긴

구조입니다. 이를 에틸렌이라고 부릅니다.

C_3H_6은 프로판(C_3H_8)에서 수소 2개가 빠져 이중 결합을 가진 구조이며, 이를 프로필렌이라 부릅니다.

● 고분자 화합물

이러한 불포화 탄화수소들은 고분자 재료의 기본 단위가 되기도 합니다.

폴리에틸렌: 에틸렌 분자가 반복적으로 연결된 고분자

폴리프로필렌: 프로필렌 분자가 반복적으로 연결된 고분자

여기서 '폴리(poly)-'는 '많은, 여러 개의'라는 뜻이며, 단위 분자가 수백~수천 개 이어져 있는 구조를 의미합니다. 일상생활에서 플라스틱 제품의 주요 재료로 많이 사용됩니다.

원소들과 친해지기

화학은 원소로 시작해 원소로 끝나는 학문입니다. 우리가 접하는 모든 물질은 원소들이 어떻게 배열되고 결합하는지에 따라 전혀 다른 성질을 가지게 됩니다. 하지만 원소들은 단순히 '시험에 나오는 기호'에 그치지 않습니다. 그들은 우리 삶을 구성하는 실체이자, 사회, 기술, 환경을 변화시키는 보이지 않는 힘입니다.

이제 우리는 주기율표 속 원소들과 일상 속에서 친해지는 방법을 함께 알아볼 차례입니다. 원소 하나하나에 담긴 이야기와 쓰임새를 이해하면서, 화학이 더욱 가깝고 흥미로운 학문으로 다가오길 바랍니다.

● 수소(H)

수소(H)는 우주에서 가장 풍부한 원소로, 물(H_2O)의 구성 성분이자, 모든 생명의 기본 재료입니다. 수소는 그 자체로는 무색·무취의 기체이지만, 산소(O_2)와 반응할 때 큰 에너지를 방출하며, 그 유일한 부산물은 물이기 때문에 '궁극의 청정에너지'로 주목받고 있습니다.

우리는 수소를 '수소차', '수소경제'라는 말로도 자주 접합니다. 수소를 '태운다'는 것은 산소와 반응시켜 에너지를 내는 것을 의미하며, 실제로 수소에 불을 붙이면 산소와 격렬하게 반응하여 열과 빛 에너지를 방출합니다. 하지만 수소차는 이렇게 연소를 이용하지 않고, 수소와 산소의 반응에 촉매를 사용해 천천히 반응시키며 전기에너지를 생성합니다. 이렇게 만들어진 전기로 모터를 구동하는 차량이 수소차입니다.

전기차와 비교하면, 전기차는 외부에서 전기를 충전하는 방식이고, 수소차는 내부에서 전기를 직접 생성하는 방식이라는 차이가 있습니다. 겉보기에는 전기차가 더 효율적일 것 같지만, 전기차는 배터리의 부피, 무게, 비용, 그리고 긴 충전 시간이라는 단점을 갖고 있습니다.

반면 수소차는 연료의 무게가 가볍고 충전이 빠르기 때문에, 대형 트럭이나 운송용 차량 등에서 더 적합할 수 있습니다. 수소차의 미래는 배터리 기술의 발전 수준에 따라 달라질 수도 있지만, 과학자들은 수소차의 가능성에 대해 비관적으로만 보고 있지는 않습니다. 무엇보다 수소는 반응 후 물만 배출하기 때문에 매우 친환경적입니다.

문제는 수소를 생산하는 방식입니다. 물의 전기분해로 수소를 얻을 수 있지만, 많은 에너지와 비용이 들고, 천연가스(CH_4)나 석탄 가스를 이용해 생산하면 탄소를 배출하게 됩니다. 이 때문에 미래에는 태양광을 이용한 물 분해 기술이나 원자력 기반 수소 생산 기술이 유망하다고 평가받고 있습니다.

'수소경제'란 수소를 중심으로 한 에너지 순환 시스템을 의미합니다. 즉, 재생 에너지를 이용해 수소를 생산하고, 이를 안전하게 저장·운송하여 자동차의 수소 연료전지, 발전용 연료, 철강 생산, 화학 제품 합성(예: 암모니아, 메탄올) 등에 광범위하게 활용하는 구조입니다. 수소경제가 성공적으로 자리 잡는다면, 탄소 배출을 줄이고, 지속 가능한 친환경 사회로의 전환에 큰 역할을 할 수 있을 것으로 기대됩니다.

● 리튬(Li)

리튬(Li)은 원자번호 3번인 가장 가벼운 금속 원소입니다. 주기율표에서는 1족 알칼리 금속에 속하며, 반응성이 매우 높고 은백색의 부드러운 고체로 존재합니다. 리튬은 일반적으로 단독으로 쓰이기보다는 이온 상태(Li^+)로 존재하며, 특히 리튬 이온 배터리의 핵심 소재로서 오늘날 에너지 기술의 중심 원소로 주목받고 있습니다.

리튬은 단위 무게당 저장할 수 있는 에너지 밀도가 매우 높아, 리튬 이온 배터리에 적합합니다. 리튬 이온 배터리는 양극과 음극 사이를 리튬 이온이 오가며 충·방전하는 2차 전지로, 높은 에너지 밀도, 긴 수명, 빠른 충전 속도라는 장점을 가지고 있습니다. 이 때문에 스마트폰, 노트북은 물론 전기차 배터리로도 널리 활용되고 있습니다.

미래 전기차의 경쟁력은 자율주행 기술과 배터리 기술에 의해 좌우될 것입니다. 이 두 기술 중 어느 것이 더 중요할까요? 예를 들어, 현대자동차가 동일한 무게, 부피, 가격 조건에서 배터리 용량을 2배로 늘릴 수 있다면, 자율주행 기능이 앞선 테슬라 차량보다 더 경쟁력 있는 전기차를 만들 수 있을 것입니다.

배터리 성능의 2배 향상은 '게임 체인저'가 될 수 있으며, 이런 기술을 확보한다면 차량보다 배터리를 판매하는 것이 오히려 더 큰 수익원이 될 수도 있습니다. 전기차 시대가 본격화되면서 리튬은 새로운 '에너지 패권 자원'으로 떠오르고 있습니다. 이에 따라 전 세계는 리튬 확보 경쟁에 나섰고, 광산 개발, 정제, 재활용 등 리튬의 전 주기 공급망을 구축하기 위한 국가 전략을 마련하고 있습니다.

현재 주요 리튬 생산국은 중국, 호주, 남미 3국(볼리비아·칠레·아르헨티나)이며, 리튬 자립은 곧 배터리 기술 자립과 연결됩니다. 리튬을 안정적으로 확보하는 국가가 차세대 전기차 시장과 에너지 산업에서 우위를 선점할 수 있습니다.

● **나트륨(Na)**

나트륨(Na)은 1족 알칼리 금속 원소로, 염소(Cl)와 결합하여 우리가 잘 아는 소금(NaCl)을 형성합니다. 이 소금은 단순히 음식의 간을 맞추는 조미료 그 이상으로, 우리 몸에서 매우 중요한 역할을 수행합니다. 소금 속의 나트륨 이온(Na^+)은 체내에서 체액의 삼투압을 조절하고, 신경 신호를 전달하며, 근육의 수축과 이완을 조절하는 등 다양한 생리 작용에 필수적인 전해질입니다. 우리가 자주 느끼는 소금의 '짠맛'은 사실 나트륨이 아닌 염소 이온(Cl^-)에서 비롯된다는 점은 흥미로운 사실입니다.

이처럼 생명 유지에 꼭 필요한 나트륨은 최근 에너지 산업의 전환기에서도 주목받는 원소가 되고 있습니다. 특히 리튬 이온 배터리(Li-ion)의 대안으로 떠오르는 나트륨 이온 배터리(Na-ion) 는 전 세계적으로 활발한 연구가 진행 중인 분야입니다. 나트륨 이온 배터리는 리튬 이온 배터리에 비해 제조 비용이 저렴하고, 자원 분포가 고르며, 화재나 폭발 위험이 낮고 환경적으로도 더 안전한 특징을 가지고 있습니다. 이러한 장점 덕분에 고정형 에너지 저장 장치(ESS)나 저가형 전기차에서의 활용 가능성이 제기되고 있습니다.

그러나 나트륨 배터리는 아직 해결해야 할 과제도 많습니다. 대표적인 단점은 에너지 밀도가 낮고 출력 전압이 낮다는 점으로, 리튬 이온 배터리처럼 고성능이 요구되는 고급 전자제품이나 장거리 전기차에는 아직까지는 제한적입니다. 이러한 한계를 극복하기 위해 배터리 구조 개선, 전해질 개발, 고체 전해질 기술 등 다양한 연구가 활발히 진행 중이며, 향후에는 저렴하고 안전한 대체 배터리로서 나트륨 이온 배터리가 일부 시장을 차지할 가능성도 기대되고 있습니다.

● 칼륨(K)

칼륨(K)은 인체에서 없어서는 안 될 필수 무기질(전해질)로, 주로 세포 안에 존재하는 양이온(K^+) 형태로 존재합니다.

칼륨은 세포 내외 수분의 균형을 유지하고, 신경 자극의 전달, 근육 수축, 심장 박동 조절, 뼈의 형성과 유지 등 다양한 생리 작용에 깊이 관여합니다. 특히 심장과 근육의 정상적인 기능을 유지하는 데 필수적이며, 충분한 칼륨 섭취는 혈관을 확장시키고 나트륨의 작용을 완화하여 혈압을 낮추는 데 도움을 줄 수 있습니다.

하지만 칼륨은 그만큼 농도 조절이 매우 중요한 원소입니다. 체내 칼륨 농도가 지나치게 높거나 낮아지면 생명에 위협이 되는 문제를 일으킬 수 있습니다. 건강한 사람은 일반적으로 과도하게 섭취된 칼륨을 신장을 통해 자연스럽게 배출할 수 있지만, 신장 기능이 약한 사람은 칼륨을 충분히 배출하지 못해 고칼륨혈증이라는 상태가 발생할 수 있습니다.

고칼륨혈증은 혈액 내 칼륨 농도가 비정상적으로 높아지는 현상으로, 근육 마비, 감각 이상, 부정맥(심장 리듬 이상), 심할 경우 심장 정지 등 생명을 위협하는 증상을 유발할 수 있습니다. 따라서 신장 질환자, 만성 질환자, 특정 약물을 복용 중인 사람은 칼륨 섭취량을 반드시 의사의 진단과 처방에 따라 조절해야 합니다.

칼륨은 바나나, 감자, 시금치, 콩류 등 다양한 식품에 풍부하게 함유되어 있으며, 일반적인 식사를 통해 충분히 섭취할 수 있습니다. 대부분의 사람은 별도로 보충제를 복용할 필요가 없습니다. 그러나 건강을 위해 칼륨 보충제를 무분별하게 복용하거나, 영양제에 포함된 칼륨 함량을 과소평가할 경우, 오히려 건강을 해칠 수 있습니다. 따라서 전문가의 조언을 따르는 것이 가장 바람직하며, 칼륨은 건강을 유지하는 데 꼭 필요한 원소인 동시에, 정확한 이해와 관리가 요구되는 '양날의 무기'라고 할 수 있습니다.

● 구리(Cu)

구리(Cu)는 우리 삶과 매우 밀접한 금속 중 하나입니다. 붉은빛을 띠는 이 전이 금속은 전기 전도성이 은(Ag) 다음으로 높고, 가공성과 연성이 뛰어나 전선, 전기 부품, 기판, 배터리 단자 등 전기·전자 산업의 핵심 소재로 널리 사용됩니다. 그러나 구리는 단순히 전기를 잘 흐르게 하는 금속일 뿐만 아니라, 세균과 바이러스를 억제하는 항균 금속으로서 강력한 효과를 지니고 있습니다.

구리 이온(Cu^{2+})은 세균이나 바이러스와 접촉할 때 다음과 같은 여러 방식으로 작용합니다. 세균의 세포막을 파괴하여 기능을 상실하게 만들고, 세포 내 단백질과 결합해 그 기능을 방해하거나 변형시키며, 세균 생존에 필수적인 효소 작용을 저해하고, 유전 물질에 직접 작용해 복제와 증식을 차단하며, 활성산소를 생성해 산화 스트레스를 유도하여 세포를 파괴합니다.

이러한 복합적인 항균 메커니즘 덕분에 구리는 오늘날 의료기기, 병원 표면, 항균 필름, 공기청정기 등의 재료로 다시 주목받고 있습니다. 사실 고대부터 사람들은 구리의 항균 효과를 직관적으로 알고 있었습니다. 전통적으로는 구리 그릇에 물이나 음식을 보관하거나, 수돗물을 저장할 때 구리 용기를 사용하곤 했습니다.

과학이 발전한 지금, 우리는 그 이유를 구리 이온이 미생물에 대해 갖는 강력한 생화학적 작용으로 설명할 수 있게 되었습니다. 뿐만 아니라 구리는 황동

(구리 + 아연), 청동(구리 + 주석)처럼 합금 형태로도 뛰어난 강도와 내식성을 제공하여 고대에는 무기, 공예품, 화폐 등에 널리 사용되었습니다. 오늘날에도 전기차 부품, 배관, 건축 내장재 등 다양한 분야에서 중요한 소재로 활약하고 있습니다.

● 은(Ag)

은(Ag)은 고대부터 귀금속으로 여겨져 온 금속으로, 아름다운 은백색 광택뿐만 아니라 우수한 물리적 특성까지 갖춘 원소입니다. 은은 전기 전도성과 항균력 면에서 모든 금속 중 가장 뛰어난 성능을 자랑합니다. 구리(Cu)와 물리적 특성이 유사하지만, 거의 모든 면에서 한 단계 더 우수한 성능을 보여줍니다. 특히 은의 전기 전도성은 금속 중 1위로, 구리보다도 더 효과적으로 전기를 전달할 수 있습니다.

또한, 항균력 역시 구리보다 강해 세균과 바이러스의 세포막을 파괴하고, 단백질과 DNA를 변형시켜 미생물의 생존과 증식을 억제합니다. 이러한 항균력 덕분에 은은 현대에 와서 의료용 소재, 항균 필름, 정수기 필터, 아기용품 등 다양한 분야에서 폭넓게 활용되고 있습니다.

다만 은은 구리보다 강도가 낮고 부드럽기 때문에, 절삭 가공이나 성형 가공에서는 구리가 더 유리합니다. 이 때문에 구리는 실용적이고 저렴한 산업용 금속으로, 은은 고급 부품과 장신구, 문화적 상징 재료로 각자의 영역에서 활용되고 있습니다.

역사적으로도 은은 단순한 금속 이상의 의미를 지녀 왔습니다. 그 아름다움과 희소성 덕분에 화폐, 장신구, 의식용 기물로 널리 사용되었으며, 특히 남아메리카의 잉카 제국은 세계적인 은 산지를 기반으로 막강한 부를 형성했습니다. 그러나 이 은광을 노린 스페인의 탐욕은 잉카 제국을 침략하게 만들었고, 이는 제국의 멸망으로 이어졌습니다. 이처럼 은은 문명과 제국의 흥망까지도 좌우했던 금속이라 할 수 있습니다.

또한, 드라마나 사극에서 자주 보이는 장면처럼, 과거에는 은수저로 음식의 독을 감별하기도 했습니다. 이는 단순한 미신이 아니라 과학적 근거가 있습니다. 은은 황(S)과 반응해 '황화은(Ag_2S)'을 형성하면서 검게 변색되는데, 당시 사용되던 일부 독물에 황화물이 포함된 경우가 많았기 때문에 어느 정도 효과가 있었습니다. 물론 모든 독을 감별할 수 있는 것은 아니었고, 황 성분이 없는 독에는 무력했습니다.

● 금(Au)

금(Au)은 구리(Cu)나 은(Ag)과 물리적 특성이 유사한 금속이지만, 가장 큰 차이점은 산소, 물, 산 등과 거의 반응하지 않는 화학적 안정성에 있습니다. 이러한 특성 덕분에 금은 쉽게 변색되거나 부식되지 않으며, 언제나 영구적인 광택을 유지할 수 있어 귀금속의 대표 주자로 꼽힙니다.

이와 같은 성질 때문에 금은 단순한 장신구를 넘어, 산화되거나 부식되면 치명적인 문제가 발생할 수 있는 전자·의료 분야에서 매우 중요한 역할을 합니다. 예를 들어, 반도체 산업에서 금은 산소나 습기에도 안정적이기 때문에 반도체 칩 내부의 초미세 회로를 연결하는 전도체로 사용됩니다. 또한, 금은 다른 금속과 잘 결합하는 성질이 있어, 칩과 외부 회로를 연결하는 접착용 금속(본딩 와이어)로도 널리 쓰입니다.

의료 및 치과 분야에서도 금은 인체에 무해한 생체친화성 금속으로, 금니, 크라운, 임플란트 등의 재료로 오래전부터 사용되어 왔습니다. 뿐만 아니라 금은 아름다운 황금빛을 띠고, 산화나 변색 없이 오랫동안 광택을 유지하기 때문에 결혼반지, 목걸이, 예술품, 금괴, 그리고 통화 단위(금본위제) 등으로 역사적으로 널리 활용되어 왔습니다.

금은 전 세계적으로 매우 희귀한 자원입니다. 은에 비해 매장량과 연간 생산량이 약 1/10 수준에 불과한 반면, 가격은 통상 은의 100배 이상에 달합니다. 이처럼 희소성이 높고 산화되지 않으며, 물리적 영구성까지 갖추었기 때문에 금은 안전자산의 대표이자, 글로벌 금융 시장에서의 신뢰 기반 자산으로 자리 잡고 있습니다.

또한, 금은 무게에서도 강한 존재감을 드러냅니다. 비중 19.32로, 철(7.86)의 약 2.45배에 해당합니다. 예를 들어, 1.8L짜리 콜라병 3개 분량(약 5.4L)의 가방에 금을 가득 채우면, 그 무게는 무려 약 104kg에 달합니다. 힘이 센 사람이라도 30kg 이상의 짐을 들고 달리는 것은 어려운 일이므로, 영화 속에서 금괴로 가득 찬 가방을 들고 달리는 장면은 현실적으로 거의 불가능에 가깝습니다.

겉으로 보기엔 작고 반짝이는 금속에 불과할 수 있지만, 그 안에는 과학적 정밀성, 문화적 상징성, 경제적 영향력이 모두 응축돼 있습니다. 금은 단지 아름다워서가 아니라, 변하지 않기 때문에 값진 금속입니다.

● 마그네슘(Mg)

마그네슘(Mg)은 칼슘(Ca)과 함께 뼈를 구성하는 중요한 무기질 중 하나로, 근육과 신경의 기능을 조절하고, 에너지 대사와 단백질 합성에 필수적인 역할을 합니다.

우리 몸속에서 마그네슘은 단순히 뼈에만 머무는 것이 아니라, 세포 내 수백 가지 효소 반응을 조절하는 조효소로 작용합니다. 이를 통해 포도당을 에너지로 전환하거나 지방을 분해하여 에너지를 생성하는 대사 과정에 깊이 관여합니다. 또한, 단백질 합성, DNA 복제, 세포 분열 등 생명 유지에 필수적인 활동에도 중요한 역할을 합니다.

마그네슘이 부족해지면, 우리 몸은 다양한 이상 신호를 보내기 시작합니다. 대표적으로 만성 피로, 근육 경련, 떨림, 불면증, 두통, 소화불량 등이 나타날 수 있으며, 신경 자극 전달이 원활하지 않아 신경과민이나 불안 증상이 동반되기도 합니다. 이런 이유로 최근에는 지하철, 버스, 온라인 등 다양한 매체에서 마그네슘 보충제 광고를 쉽게 접할 수 있습니다.

하지만 마그네슘이 아무리 중요하다고 해도, 지나친 복용은 오히려 건강을 해칠 수 있습니다. 특히 보충제를 과도하게 섭취할 경우, 설사, 복통, 저혈압, 심장 부정맥 등의 부작용이 나타날 수 있으며, 고용량 섭취가 지속되면 심장·신장 기능에 부담을 줄 수도 있습니다.

따라서 마그네슘이 부족한 것 같다고 느낀다고 해서, 광고를 보고 스스로 판단해 임의로 보충제를 복용하기보다는 반드시 의사의 진단과 처방을 통해 적정한 용량을 섭취하는 것이 가장 안전하고 바람직한 방법입니다.

● 칼슘(Ca)

칼슘(Ca)은 인체에서 가장 풍부하게 존재하는 무기질로, 우리 몸의 뼈와 치아를 구성하는 주요 성분입니다. 하지만 칼슘은 단지 뼈를 튼튼하게 만드는 데 그치지 않고, 근육 수축, 신경 전달, 혈액 응고, 상처 치유 등 다양한 생명 활동을 조율하는 다기능 영양소입니다.

근육이 움직이기 위해서는 세포 내 칼슘 농도의 정밀한 조절이 필요합니다. 칼슘은 근육의 수축과 이완을 조절하며, 심장 박동 유지와 운동 조절에도 관여합니다. 또한 신경세포 간 전기 신호 전달에도 필수적인 역할을 하여, 감각 조절, 운동 반응, 뇌 기능 유지 등에도 중요한 역할을 합니다.

칼슘은 특히 혈액 응고와 상처 치유 과정에서 결정적인 역할을 합니다. 상처가 나면 칼슘은 혈액 내 응고 인자를 활성화하고, 혈소판 기능을 강화하여 혈액이 빠르게 응고될 수 있도록 도와줍니다. 더불어 상처 부위의 근육 세포를 수축시켜 출혈을 줄이고, 새로운 조직 생성에도 관여하여 회복을 가속화합니다.

이처럼 칼슘은 단순한 구조 물질을 넘어, 상처를 막고, 출혈을 멈추게 하며, 전체적인 생명 활동을 조화롭게 유지하는 조절자로서 역할을 수행합니다. 따라서 충분한 칼슘 섭취는 골다공증 예방은 물론, 건강한 삶을 유지하는 데 필수적입니다.

다만 칼슘은 흡수율이 낮은 무기질로 잘 알려져 있습니다. 섭취한 칼슘이 모두 체내에 흡수되지는 않으며, 비타민 D와 함께 섭취할 경우 흡수율을 높일 수 있습니다. 비타민 D는 장에서 칼슘 흡수를 촉진하는 기능을 하므로, 우유나 칼슘 보충제를 섭취할 때 함께 고려하는 것이 바람직합니다.

반대로 칼슘을 과도하게 섭취할 경우, 신장 결석, 고칼슘혈증(혈중 칼슘 과다), 위장 장애, 소화불량 등의 부작용이 발생할 수 있으므로 주의가 필요합니다. 특히 보충제를 통한 과량 섭취는 문제가 될 수 있으므로, 반드시 전문가의 상담과 처방을 통해 적정량을 섭취하는 것이 가장 안전한 방법입니다.

● 아연(Zn)

아연(Zn)*은 산업과 생명 분야 모두에서 폭넓게 사용되는 다재다능한 금속 원소입니다. 은빛 광택을 띠며 반응성이 높은 아연은, 오히려 그 산화되기 쉬운 특성을 활용해 다양한 분야에서 응용되고 있습니다.

대표적인 예가 아연도금입니다. 아연은 공기 중 수분이나 산소와 접촉하면 표면에 얇은 산화막(보호 피막)을 형성하여, 금속 내부로의 부식을 방지합니다. 이 성질을 활용해 철판에 아연을 입히면, 아연이 먼저 산화되어 철을 보호하게 됩니다. 이러한 방식은 자동차 외장재, 건축용 철재, 지붕재, 가전제품의 외부 프레임 등 다양한 분야에서 널리 사용됩니다.

또한 아연은 구리(Cu)와 결합하면 황동이라는 합금이 됩니다. 황동은 구릿빛을 띠는 노란색 금속 광택을 가지며, 내식성, 가공성, 미적 요소가 뛰어나 동전, 악기, 장식품 등에 사용됩니다. 우리나라의 10원짜리 동전도 구리(65%)와 아연(35%)의 황동으로 제작된 대표적인 예입니다.

전기화학적 특성도 뛰어난 아연은 전자를 쉽게 내놓는 성질이 있어, 일차 전지(1회용 건전지)의 음극 재료로 널리 사용됩니다. 값이 저렴하면서도 반응성이 높아, 전기 에너지를 안정적으로 공급할 수 있습니다. 반면, 이차 전지(충전용 배터리)에는 리튬(Li)처럼 에너지 밀도가 높은 금속이 주로 사용되며, 아연은 대형 전자기기나 전기차 배터리에는 상대적으로 적합하지 않습니다.

인체에서도 아연은 필수 미량 무기질로 작용합니다. 아연은 다음과 같은 생리 작용에 중요한 역할을 합니다:

면역 기능 강화 및 감염 예방

상처 회복 촉진, 세포 재생 및 조직 복구

어린이 성장과 발달에 필수

생식 기능 유지: 정자 형성 및 운동성, 생식 호르몬 조절

항산화 작용: 활성산소로부터 세포 보호

하지만 아연은 필수적인 만큼 과잉 섭취 시 건강에 해로울 수 있습니다. 지나친 섭취는 구토, 설사, 복통 등의 위장 장애, 구리 흡수 방해로 인한 빈혈, 면역 기능 저하, 신장·간 부담 등을 유발할 수 있습니다. 따라서 영양제를 통한 아연 보충은 반드시 전문가의 상담과 권장량 기준에 따라 섭취하는 것이 바람직합니다.

● 수은(Hg)

수은(Hg)은 상온에서 유일하게 액체 상태로 존재하는 금속 원소입니다. 은빛 광택을 띠며, 과거에는 그 독특한 물리적 성질 덕분에 의료, 산업, 가전, 화장품 등 다양한 분야에서 널리 사용되었습니다. 그러나 시간이 흐르면서 수은의 강한 독성이 과학적으로 밝혀졌고, 현재는 대부분의 용도에서 사용이 제한되거나 법적으로 금지되고 있습니다.

수은은 체내에 흡수될 경우 신경계를 손상시키고, 신장 기능을 악화시키며,

특히 임산부가 수은에 노출되면 태아에게 심각한 기형을 유발할 수 있는 중금속 독성 물질입니다. 특히 저용량의 장기적 노출이 누적되면 더 심각한 건강 문제로 이어질 수 있습니다.

과거에는 수은이 독성이 있다는 사실을 제대로 알지 못했기 때문에, 살충제, 살균제, 의약품, 심지어 화장품에까지 수은이 사용되었습니다. 특히 수은이 가지고 있는 미백 효과와 살균 작용은 한때 여성용 화장품에서 매력적인 기능으로 여겨졌고, 그 결과 많은 미백 제품에 수은이 첨가되어 판매되기도 했습니다. 그러나 현재는 그 위험성이 명확히 밝혀지면서 대부분의 국가에서 수은 함유 화장품의 사용이 금지되었습니다.

의료 분야에서도 수은은 오랫동안 온도계, 혈압계, 치과용 아말감 등 다양한 용도로 사용되었습니다. 수은 온도계와 혈압계는 수은의 열팽창 특성을 이용해 정밀한 측정이 가능했습니다. 또한 치과용 아말감은 수은과 은, 주석 등을 혼합한 합금으로 충전재로 사용되었습니다. 일부에서는 미량 수은 노출의 위험성을 제기하지만, 실질적 위해성에 대한 명확한 증거는 아직 부족합니다. 그럼에도 불구하고, 보다 안전한 재료의 개발로 인해 이러한 수은 제품들은 점차 대체되고 있는 추세입니다.

형광등 내부에는 수은 증기가 들어 있어 자외선을 방출하며, 이 자외선이 형광물질에 도달해 가시광선으로 전환되는 원리를 이용합니다. 그러나 형광등 파손 시 수은 증기가 노출될 위험이 있어, 현재는 LED 조명으로의 전환이 빠르게 진행되고 있습니다.

수은은 독성과 효용 사이에서 과거에 큰 역할을 했지만, 오늘날에는 안전을 위해 그 사용을 철저히 관리하거나 대체하는 방향으로 변화하고 있습니다. 이 사례는 화학 물질에 대한 과학적 이해가 얼마나 중요한지를 보여주는 대표적인 교훈이기도 합니다.

● 알루미늄(Al)

알루미늄(Al)은 가볍지만 강한 금속으로, 현대 산업 전반에 걸쳐 가장 널리 사용되는 소재 중 하나입니다. 무게는 철보다 훨씬 가볍지만, 특정 합금 형태로 가공하면 철에 준하는 강도와 내구성을 갖출 수 있어, 자동차, 기차, 항공기 등 운송 수단의 차체와 부품 제작에 이상적인 재료로 주목받고 있습니다.

또한 알루미늄은 건축 자재로도 탁월한 성능을 발휘합니다. 녹슬지 않고(우수한 내식성), 은백색의 미려한 광택을 오랫동안 유지하며, 가공성이 뛰어나 창호 프레임, 지붕재, 외벽 패널 등 다양한 건축 분야에 폭넓게 활용됩니다. 특히 얇게 펴거나 가늘게 늘릴 수 있는 성질 덕분에, 알루미늄 포일, 음료 캔, 일회용 식기와 같은 일상생활 속 제품에도 널리 사용되고 있습니다.

알루미늄의 가장 큰 장점 중 하나는 바로 뛰어난 재활용성입니다. 알루미늄은 100% 재활용이 가능하며, 재활용 시 소모되는 에너지는 새로 생산할 때의 약 5% 수준에 불과합니다. 이러한 특성 덕분에 알루미늄은 환경 친화적인 '순환 금속'으로 각광받고 있으며, 자원 절약과 탄소 배출 저감 측면에서도 지속 가능한 소재로 평가받고 있습니다.

● 탄소(C)

탄소(C)는 지구상의 모든 생명체를 구성하는 가장 근본적인 원소입니다. 단백질, 지방, 탄수화물, 핵산(DNA와 RNA) 등 생명체의 모든 유기화합물은 탄소를 중심으로 구성되어 있으며, 탄소는 지구 생태계의 물질 순환과 에너지 흐름의 중심에 자리 잡고 있습니다.

탄소의 독특한 결합 구조

탄소는 4개의 공유결합을 형성할 수 있는 구조적 특성 덕분에, 서로 다른 원자들과 다양한 방식으로 결합하여 매우 다양한 물질을 생성합니다.

예를 들면 다음과 같습니다.

다이아몬드: 탄소 원자들이 정사면체 구조로 단단히 결합 → 세계에서 가장 단단한 물질 중 하나

흑연: 탄소 원자들이 평면 육각형 구조로 층을 이루며 약한 결합 → 연필심, 윤활제

풀러렌(C_{60}): 탄소가 축구공처럼 둥근 구형 구조를 이룬 분자 → 나노소재, 신소재

그래핀: 탄소가 벌집 모양의 단일 원자층으로 배열된 구조 → 철보다 200배 강하고, 전도성도 뛰어나며, 투명하고 유연한 '꿈의 소재'

생명과 에너지의 매개체, 탄소

탄소는 생명체 내에서 화학 에너지의 저장과 전달 역할을 합니다. 우리가 섭취한 탄소 화합물은 세포 호흡을 통해 산소와 결합, 이산화탄소(CO_2)를 배출하고, 이 과정에서 에너지가 생성되어 생명 활동을 유지시킵니다.

산업과 환경에서의 탄소

산업적으로는 탄소가 석탄, 석유, 천연가스의 형태로 사용되며, 연소를 통해 열과 전기를 생산합니다. 하지만 이 과정에서 대량의 CO_2가 배출되고, 이것이 지구온난화의 주된 원인이 됩니다.

이에 따라 전 세계는 탄소중립을 목표로, 탄소 배출을 줄이고 흡수량을 늘리기 위한 다양한 정책과 기술을 추진하고 있습니다. 주요 전략으로는 태양광, 풍력, 수력, 지열과 같은 재생에너지의 확대, 철강·시멘트 등 탄소 다배출 산업의 공정 효율화, 발전소나 공장에서 발생하는 이산화탄소를 포집해 지하에 저장하거나 재활용하는 탄소 포집·저장 기술(CCS), 그리고 나무를 바이오연료로 사용해 전기를 생산하고 이때 발생하는 이산화탄소를 포집함으로써 대기 중 CO_2 농도를 줄이는 '음의 탄소 배출'을 실현하는 바이오에너지+CCS(BECCS) 기술이 있습니다.

나무를 심는 것만으로 충분할까?

흔히 "탄소를 줄이려면 나무를 심자"는 말이 있지만, 이는 한계가 있는 접근입니다. 나무는 광합성을 통해 CO_2를 흡수하지만, 수명이 다하거나 산불 등으로 타면 저장된 탄소를 다시 방출합니다.

더 나은 접근은 나무를 적극적으로 활용하는 것입니다. 예를 들면, 나무를 바이오 연료로 사용해 발전소에서 전기를 생산하고, 이 과정에서 발생하는 이산화탄소를 탄소 포집 기술로 회수하면, 탄소가 순환될 뿐만 아니라 대기 중 CO_2 농도까지 줄이는 효과를 얻을 수 있습니다.

탄소는 생명의 기반이자 에너지의 원천, 동시에 기후 위기의 주범이기도 합니다. 이중적인 성격을 지닌 탄소를 어떻게 이해하고 다룰 것인지는 우리의 지속 가능한 미래를 좌우할 중요한 과학적 과제입니다.

● 규소(Si)

규소(Si)는 지구 지각에서 산소 다음으로 많이 존재하는 원소로, 우리가 일상에서 흔히 접하는 모래, 석영, 유리, 점토, 암석 속에 풍부하게 포함되어 있습니다. 하지만 규소는 단순한 광물 성분을 넘어, 현대 전자 산업과 에너지 산업의 핵심 재료로 사용되며, 오늘날 디지털 시대의 기반을 이루는 전략 원소로 자리매김하고 있습니다.

'실리콘(Silicon)'과 '실리콘(Silicone)'은 다르다?

'실리콘(Silicon)'이라는 용어는 종종 혼동을 일으키는데, 전혀 다른 두 가지 물질을 가리킬 수 있습니다. 규소(Silicon)는 주기율표 14족에 속하는 반금속 원소로, 반도체 웨이퍼, 태양전지 패널, 유리, 세라믹 등 다양한 산업 분야의 핵심 소재입니다.

실리콘(Silicone)는 규소에 산소와 유기 화합물이 결합된 인공 고분자 물질로, 실리콘 고무, 오일, 수지 등 다양한 형태로 존재하며, 주방용품, 의료기기, 윤활제, 화장품, 방수제 등에 널리 사용됩니다.

이처럼 이름은 비슷하지만 성질과 용도가 완전히 다르므로 반드시 구분이 필요합니다. 실리콘 고무와 반도체 칩은 전혀 다른 물질이라는 점을 기억해야 합니다.

반도체 산업의 심장, 규소

규소는 전기를 완전히 흐르게도, 완전히 차단하게도 하지 않는 반도체 특성을 지니고 있어, 컴퓨터, 스마트폰, 디지털 가전 등 모든 IT 제품의 핵심 부품인 반도체 칩(웨이퍼)의 주재료로 사용됩니다. 또한, 태양전지의 핵심 재료로도 활약 중입니다. 규소는 빛을 전기로 변환하는 광전 효과를 통해 전기를 생산하며, 친환경 재생에너지 기술의 핵심 소재로 떠오르고 있습니다.

건축과 생활 속 규소

모래 속 이산화규소(SiO_2)는 유리 제조의 주원료이자, 세라믹, 시멘트, 콘크리트 등 건축 자재의 핵심 성분입니다. 또한 점토와 암석 속의 규소는 도자기, 타일, 절연재 등의 재료로 쓰이며, 오랜 세월 동안 인류 문명의 발전과 함께해 왔습니다.

실리콘밸리(Silicon Valley)의 유래

'실리콘밸리(Silicon Valley)'라는 명칭은 바로 이 규소(Silicon)가 반도체 칩의 재료라는 점에서 유래했습니다. 1950~60년대, 미국 캘리포니아 샌프란시스코 남쪽 지역에 인텔, 페어차일드, HP 등 초창기 반도체 기업들이 대거 모이면서, 자연스럽게 '실리콘이 기반인 기술 산업의 계곡'이라는 의미로 붙여진 이름입니다.

오늘날 실리콘밸리는 단지 반도체 산업을 넘어서, IT, 인공지능, 자율주행, 바이오, 로보틱스 등 첨단 기술의 세계적 중심지로 성장했으며, 수많은 혁신 기업과 벤처 캐피탈, 연구기관이 모인 글로벌 혁신의 상징이 되었습니다.

● 게르마늄(Ge)

게르마늄(Ge)은 은빛 광택을 지닌 반금속 원소로, 규소(Si)와 같은 14족에 속하며 반도체 성질을 지닌 원소입니다. 20세기 중반, 트랜지스터가 처음 발명될 당시에는 반도체 소재로 사용되며 전자 산업의 시작점에서 중요한 역할을 했습니다. 그러나 열 안정성, 산화막 형성, 가격, 원료 확보 측면 등에서 실리콘보다 불리하다는 점이 밝혀지면서, 현재는 반도체 소재로서 활용은 제한적이며, 주로 광섬유, 적외선 센서, 특수 태양전지 등에 고급 재료로 일부 사용됩니다.

전자 산업 외에도 게르마늄은 한때 건강 보조제나 미용 제품에서 '기능성 소재'로 주목받기도 했습니다. 항암 작용, 항산화 효과, 면역력 강화 등에 도움이 될 수 있다는 연구 결과들이 있었고, 이를 바탕으로 게르마늄 팔찌, 목걸이, 화장품, 온열기 등이 인기를 끌었습니다. 그러나 대부분의 연구는 시험관이나 동물 실험 수준에 머물러 있으며, 인체 적용에 대한 과학적 검증은 부족한 상황입니다.

특히 무기 게르마늄을 과도하게 섭취할 경우 신장 기능 저하, 신경계 이상

등 부작용이 보고되었고, 세계보건기구(WHO)와 일부 국가에서는 게르마늄 보충제의 사용을 규제하거나 금지하기도 했습니다. 그럼에도 불구하고 일부 제품은 여전히 "면역력 강화", "암 예방" 등의 과장된 문구로 소비자를 현혹하고 있어 주의가 필요합니다. 과학적으로 입증되지 않은 주장보다는, 신중하고 객관적인 정보에 근거해 건강 관련 제품을 선택해야 합니다.

● 주석(Sn)

주석(Sn)은 은백색의 부드러운 금속으로, 인류 문명의 초창기부터 오랫동안 활용되어 온 실용적인 금속 원소입니다. 특히 구리(Cu)와 혼합되어 만들어지는 청동(브론즈)은 고대에 무기, 도구, 예술품 등에 널리 사용되며, 청동기 시대를 여는 데 핵심적인 역할을 했습니다.

청동은 순수한 구리보다 더 단단하고 가공이 쉬우며, 내식성이 뛰어나 오랜 시간 형태를 유지할 수 있기 때문에, 역사적 유물이나 조각상, 종교적 기물에서도 흔히 볼 수 있습니다.

현대에 들어서도 주석은 공기 중에서 잘 산화되지 않는 성질을 이용해 도금 재료로 널리 활용되고 있습니다. 특히 철판 위에 주석을 얇게 입힌 주석 도금 철판(주석강판, tinplate)은 철의 부식을 막는 동시에 인체에 무해하다는 장점 덕분에 통조림 캔, 식품 포장 용기, 약품 보관 용기 등에 다양하게 사용됩니다. 또한 주석은 연성이 뛰어나 얇게 펴거나 다양한 형태로 가공하기 쉬우며, 은백색 광택을 오랫동안 유지하기 때문에 장식품, 예술품, 기념품, 고급 식기 등 고급 소비재의 소재로도 널리 쓰입니다.

● 납(Pb)

납(Pb)은 무겁고 부드러운 금속으로, 오랫동안 인류의 다양한 산업과 일상생활 속에서 사용되어 온 원소입니다. 그러나 오늘날 납은 대표적인 유해 중금속으로 분류되며, 신경계, 소화기계, 신장, 생식기계 등 여러 생리 기능에 심각한 손상을 줄 수 있어 철저한 관리가 필요합니다.

납이 체내에 흡수되면 뇌 기능 저하, 집중력 감소, 두통, 손 떨림, 감각 둔화와 같은 신경계 이상을 비롯해, 복통, 식욕 저하, 구토 등의 소화기 장애, 신장 기능 저하로 인한 체내 독소 축적, 조혈작용 억제로 인한 빈혈, 정자 수 감소나 생리 불순 등의 생식기능 저하까지 유발할 수 있습니다. 특히 어린이나 임산부가 납에 노출될 경우 지능 발달 저하, 행동 장애, 태아 기형 등 심각한 건강 피해로 이어질 수 있어 각별한 주의가 요구됩니다. 그렇다고 해서 납이 단순히 '해로운 금속'만은 아닙니다.

납은 밀도가 높고 무거우며, 에너지가 높은 방사선을 효과적으로 흡수하고 차단하는 성질을 가지고 있습니다. 이러한 특성 덕분에 납은 X선, 감마선과 같은 고에너지 방사선을 차단하는 방사선 차폐재로써 매우 유용하게 사용됩니다.

실제로 납은 의료기관의 방사선 촬영실, 원자력 시설, 산업용 장비 등에서 방사선 차폐벽, 보호복, 컨테이너 재료로 널리 활용되고 있으며, 현실적으로 대체하기 어려운 필수 소재로 평가받고 있습니다.

● 산소(O)

산소(O)는 지구상의 모든 생명체가 살아가는 데 필수적인 원소로, 대기 중

약 21%를 차지하며 주로 산소 분자(O_2) 형태로 존재합니다. 우리 몸속에서는 산소가 세포 호흡에 사용되어 에너지를 생성하며, 연소, 부식, 생물의 대사 작용 등 다양한 자연 현상에서도 중심적인 역할을 합니다. 그러나 산소의 역할은 단순히 호흡에만 그치지 않습니다.

산소 원자 3개가 결합한 오존(O_3)은 지구 생명체를 보호하는 보이지 않는 방패, 즉 오존층을 형성합니다. 오존은 지표면에서 약 10~50km 상공의 성층권에 분포하며, 태양에서 오는 자외선(UV-B, UV-C)의 97~99%를 흡수하여 인간과 생물체를 유해 자외선으로부터 보호합니다.

이 오존은 산소 분자(O_2)가 자외선(UV)에 의해 두 개의 산소 원자(O)로 분해되고, 이 산소 원자가 다른 산소 분자(O_2)와 결합하여 오존(O_3)이 되는 과정을 통해 생성됩니다. 이 반응은 성층권처럼 안정된 환경에서만 지속될 수 있으며, 대기 대류가 적고 온도 변화가 적은 성층권은 오존층이 유지되기에 적절한 조건을 갖추고 있습니다.

하지만 산업화 이후 사용된 프레온가스(CFCs)와 같은 인공 화합물은 성층권까지 도달해 자외선에 의해 염소(Cl) 라디칼로 분해되며, 이 염소 원자는 수천 개의 오존 분자와 반응해 오존을 파괴합니다. 그 결과 오존층이 얇아지며, 특히 남극 상공 등지에는 오존홀이라 불리는 현상이 나타나기도 합니다.

이러한 위협에 대응하기 위해 세계는 1987년 몬트리올 의정서를 채택하여 오존층 파괴 물질의 생산과 사용을 규제하는 데 합의하였고, 현재까지도 국제 사회는 오존층 보호를 위한 지속적인 감시와 협력을 이어가고 있습니다. 그 결과 오존층은 점차 회복되고 있으며, 환경 보호의 대표적인 국제적 성공 사례로 평가받고 있습니다.

● 황(S)

황(S)은 밝은 노란색의 고체로 잘 알려진 비금속 원소로, 자연계에서는 단독 또는 다양한 화합물 형태로 널리 존재하며, 생명체의 필수 성분이자 산업·환경의 연결 고리로서 중요한 역할을 합니다.

황은 단백질을 구성하는 아미노산(시스테인, 메티오닌)의 성분으로, 인체를 포함한 모든 생명체에 필수적인 원소입니다. 특히 시스테인은 단백질의 3차 구조를 안정화시키는 이황화 결합(-S-S-)을 형성하여 머리카락, 손톱, 피부 조직의 구조와 강도를 유지하는 데 중요한 역할을 합니다. 또한 황은 비타민(B_1, B_7), 효소와 호르몬의 구성에 관여하며, 체내 해독작용과 면역 기능 강화에도 필수적입니다.

황은 고대로부터 화약, 염료, 약품의 원료로 사용되어 왔으며, 현대에는 주로 황산(H_2SO_4) 제조에 이용됩니다. 황산은 세계에서 가장 많이 생산되는 화학 물질 중 하나로, 비료, 섬유, 정유, 금속 정제, 제지 산업 등 다양한 분야에서 활용됩니다.

또한 황은 다양한 분야에서 폭넓게 활용됩니다. 곰팡이를 억제하는 살균제와 식물 보호제, 타이어나 고무장갑과 같은 제품의 탄성과 내구성을 높이기 위한 고무 산업용 첨가제, 피부 질환 치료제나 항균 연고에 쓰이는 의약품 원료, 그리고 염료, 색소, 폭약 등 유기화학 제품의 기초 원료로서도 중요한 역할을 합니다.

자연계에서 황은 황화수소(H_2S), 이산화황(SO_2) 등의 형태로 존재하기도

하며, 특히 석탄이나 석유 등 화석연료의 연소 과정에서 나오는 이산화황(SO_2)는 대기오염과 산성비의 주요 원인입니다.

SO_2는 대기 중 수증기와 반응하여 황산(H_2SO_4)으로 전환되고, 비에 섞여 토양과 수질의 산성화, 삼림 피해, 건축물의 부식 등을 유발합니다. 이러한 환경 문제에 대응하기 위해 정유 공정에서는 탈황 처리를 실시하고, 화력발전소 등에서는 황산화물(SO_x) 저감 장치를 설치하여 배출을 줄이고 있습니다.

● 크롬(Cr)

크롬(Cr)은 은백색의 단단한 전이 금속으로, 금속 표면을 보호하고 부식을 방지하는 데 중요한 역할을 하는 원소입니다. 특히 크롬은 산소와 반응하여 표면에 매우 얇고 강한 산화막(피막)을 형성하는데, 이 피막은 공기, 습기, 화학 물질 등 외부 환경으로부터 금속을 차단해 녹이 슬지 않도록 보호하는 자가 치유형 장벽 역할을 합니다.

이러한 특성은 스테인리스강의 핵심 비밀이기도 합니다. 스테인리스강은 철(Fe)에 크롬을 10.5% 이상 첨가한 합금으로, 바로 이 크롬이 산소와 결합해 만든 산화 크롬(Cr_2O_3) 보호막이 금속을 부식과 변색으로부터 지켜주기 때문에 '녹슬지 않는 철'이라는 이름을 갖게 된 것입니다.

크롬은 단순히 금속을 녹슬지 않게 할 뿐만 아니라, 스테인리스강의 강도와 내구성까지 향상시켜 건축 자재, 조리 기구, 의료 기기, 자동차 부품 등 다양한 분야에서 널리 사용되고 있습니다.

다만, 스테인리스강이라고 해서 절대로 녹슬지 않는 것은 아닙니다. 적절히 관리하지 않거나 염분이나 산성 환경에 장시간 노출되면, 보호막이 손상되어 국부적인 부식이 발생할 수 있습니다. 따라서 스테인리스 제품을 오래 사용하려면, 세척 시 중성 세제를 사용하고, 철 수세미 대신 부드러운 스펀지나 천으로 닦는 것이 좋습니다. 사용 후에는 물기를 잘 닦아내고 건조시켜 보관해야 크롬 보호막이 손상되지 않아 부식을 방지할 수 있습니다. 또한 바닷물이나 소금기 같은 염분이나 산성 물질이 묻은 채로 방치하지 않도록 주의해야 합니다.

크롬이 만들어내는 보호막은 얇지만 매우 강력하며, 긁히거나 손상되더라도 공기 중의 산소와 반응하여 다시 재생되는 자기 복원 능력을 가지고 있습니다. 그러나 그 재생에도 한계가 있으므로, 사용자의 섬세한 관리가 함께할 때 비로소 스테인리스강의 진정한 효용이 완성됩니다.

● 몰리브덴(Mo)

몰리브덴(Mo)은 은회색의 단단한 금속 원소로, 뛰어난 내열성과 기계적 강도를 지닌 첨가 금속입니다. 산업용 합금의 핵심 소재이자, 인체 내에서도 소량이지만 중요한 역할을 수행하는 미량 필수 원소로, 산업과 생명 모두에 작지만 결정적인 영향을 미치는 고성능 원소입니다.

몰리브덴은 주로 다른 금속과의 합금 형태로 사용됩니다. 강철에 0.1~0.5%의 몰리브덴을 첨가하면 고강도·고내열 특성을 가진 합금강(예: 공구강, 초합금)이 만들어지며, 열팽창이 작고 구조적 안정성이 뛰어난 것이 특징입니다.

이러한 몰리브덴 합금은 고온·고압 환경에서 견디는 성능이 우수하여, 터빈, 제트 엔진 부품, 열교환기, 냉각관, 고압 배관, 탱크 등과 같은 항공우주 산업,

원자력 및 발전 산업, 석유화학 설비에서 널리 사용됩니다. 또한 진공관, 히터 필라멘트, 방전등 전극 등 전자 및 조명 소재로도 활용됩니다.

몰리브덴은 생체 내에서도 산화·환원 효소의 보조 인자로 작용하는 필수 미량 원소입니다. 이는 DNA와 단백질의 대사, 질소·황의 해독, 요산 분해에 관여하며, 인체의 노폐물 정화와 대사 과정에 중요한 역할을 합니다.

몰리브덴 결핍은 드물지만, 발생할 경우 신경계 이상이나 뇌 발달 문제를 일으킬 수 있습니다. 반대로, 과량 섭취 시에는 독성이 우려될 수 있으므로, 영양제 등을 통해 섭취할 경우 권장량을 초과하지 않도록 주의해야 합니다.

● 텅스텐(W)

텅스텐(W)은 모든 금속 중 가장 높은 융점(약 3,422℃)을 가진 매우 독특한 금속 원소입니다. 그 이름은 스웨덴어로 '무거운 돌'을 뜻하며, 실제로 밀도가 매우 높고, 단단하며, 열에 강한 특성을 지니고 있습니다.

텅스텐의 가장 큰 특징은 고온에서도 물리적 특성이 거의 변하지 않는다는 점입니다. 이러한 특성 덕분에 텅스텐은 극한의 열과 압력이 작용하는 산업 현장에서 반드시 필요한 금속으로 자리 잡았습니다. 예를 들어, 절삭 공구의 날, 금형, 광산 채굴 기계, 드릴비트 등 고강도 작업용 장비에 사용되며, 텅스텐 탄화물(WC) 형태로 가공할 경우 다이아몬드 다음으로 단단한 소재가 되기도 합니다.

과거에는 텅스텐이 백열전구의 필라멘트 재료로 널리 쓰였습니다. 고온에서도 잘 녹지 않고, 밝은 빛을 오래도록 안정적으로 낼 수 있었기 때문입니다. 오늘날에는 LED가 백열전구를 대체했지만, 텅스텐은 여전히 특수 조명, 고온 히터, 진공관, 전자기기 부품 등 고온 안정성이 요구되는 분야에서 활발히 사용되고 있습니다.

텅스텐은 밀도가 매우 높고, 납보다 인체에 덜 해롭기 때문에, 방사선 차폐재로도 활용됩니다. 예를 들어, 의료용 방사선 촬영 장비의 차폐벽, CT 기기 부품, 방사선 차단 앞치마 등에 쓰이며, 방위 산업 분야에서도 탱크 관통탄, 항공 무기, 중량 탄두의 핵심 소재로 사용됩니다.

일상 속에서도 텅스텐은 조용히 존재합니다. 텅스텐 반지나 액세서리는 단단하고 흠집에 강해 광택이 오래 유지되며, 골프 클럽, 낚시추, 자동차 타이어 밸런스용 추 등 무게 중심을 조절해야 하는 정밀 도구에도 널리 활용되고 있습니다.

● 니켈(Ni)

니켈(Ni)은 은백색 광택을 띠는 전이금속으로, 공기 중에서 산화되면 표면에 얇고 치밀한 산화 피막을 형성하여 금속 내부를 부식으로부터 보호합니다. 이러한 특성 덕분에 니켈은 녹이 잘 슬지 않는 금속으로, 내식성이 요구되는 다양한 산업 및 생활 용도에서 폭넓게 활용되고 있습니다.

특히 니켈은 철, 크롬 등 여러 금속과 잘 섞여 합금을 형성하는 성질을 지니고 있으며, 이를 통해 강도, 내식성, 경도, 열팽창률, 자기적 특성 등을 다양하게 조절할 수 있습니다. 가장 대표적인 예가 스테인리스강으로, 철에 크롬과 니켈을 혼합해 만든 이 합금에서 니켈은 광택과 강도를 부여하고, 금속 조직을 안정화시키는 데 핵심적인 역할을 합니다.

니켈이 포함된 합금은 부식에 강하고, 전기적·자기적 특성도 정밀하게 조절할 수 있어 전자기기, 정밀기계, 통신장비 등 기술 집약적 분야에서도 매우 유용하게 활용됩니다. 또한 니켈은 아름다운 은백색 광택과 마모에 강한 특성 덕분에 동전 재료로도 널리 쓰이며, 우리나라의 100원·500원 동전도 니켈과 구리의 합금으로 만들어져 내구성과 심미성을 동시에 만족시키고 있습니다.

니켈은 단순한 합금 원소를 넘어, 2차전지(충전식 배터리)의 양극 소재로서도 매우 중요한 역할을 합니다. 다양한 형태의 니켈 기반 전지가 개발되어 전력 저장과 공급의 핵심 기술로 활용되고 있습니다.

니켈-카드뮴(Ni-Cd) 전지는 과거 무선 전화기와 전동 공구 등에 사용되었으며, 충격에 강하지만 카드뮴의 독성 문제로 현재는 사용이 감소하고 있습니다.

니켈-수소(Ni-MH) 전지는 카드뮴 대신 수소 저장합금을 사용하는 친환경 배터리로, 하이브리드 차량, AA 충전지, 면도기 등 소형 가전에 널리 활용됩니다.

니켈-아연(Ni-Zn) 전지는 높은 전압과 에너지 효율, 저렴한 가격 및 환경 친화성으로 주목받고 있습니다.

니켈-철(Ni-Fe) 전지는 오래된 기술이지만 긴 수명과 고장 저항성 덕분에 산업용 및 재생에너지 저장용 시스템에서 다시 주목받고 있습니다.

이러한 니켈 기반 전지들은 리튬이온 배터리에 비해 에너지 밀도는 낮지만, 가격이 저렴하고, 외부 충격에 강하며, 충방전 수명이 길고, 고전류 방전이 가능하다는 장점이 있습니다. 또한 저온 환경에서도 안정적인 작동이 가능해, 혹독한 조건에서도 신뢰할 수 있는 전력 공급원으로 활용됩니다.

● 질소(N)

질소(N)는 지구 대기의 약 78%를 차지하는 가장 풍부한 기체입니다. 그러나 색도, 냄새도, 맛도 없는 무색·무취의 기체이기 때문에, 우리 일상에서 존재감은 크지 않지만, 생명체, 산업, 과학기술의 전 영역에서 핵심적인 역할을 수행하는 원소입니다. 보이지 않지만, 질소는 지구 시스템을 떠받치는 기초 원소라 할 수 있습니다.

먼저 생물학적 측면에서 질소는 단백질, DNA, RNA 등 모든 생명체의 기본 구성 성분을 이루는 데 필수적입니다. 질소는 단백질을 구성하는 아미노산의 핵심, 유전 정보를 담고 있는 핵산의 일부이기도 합니다. 따라서 질소 없이는 세포의 생성, 성장, 복제, 에너지 대사가 이루어질 수 없습니다.

그러나 대기 중의 질소(N_2) 분자는 삼중결합으로 매우 안정되어 있어, 생물체는 이를 직접 사용할 수 없습니다. 대신, 질소는 질소 고정 과정을 통해 암모니아(NH_3) 등의 형태로 전환되어야 식물이나 미생물이 흡수하고 활용할 수 있습니다. 이 암모니아는 질소 비료의 핵심 성분으로, 식물 생장, 잎 발달, 광합성 능력 향상에 기여하며, 전 세계 작물 생산량 향상에 결정적인 역할을 해왔습니다. 또한 질소는 산업적 활용도 매우 큽니다. 특히 액체 질소는 질소 기체를 -196℃로 냉각시켜 얻은 것으로, 극저온 환경이 필요한 다양한 분야에서 핵심 냉매로 활용됩니다.

의학 및 과학 분야에서는

초전도체 냉각(전기 저항이 0에 가까운 상태 유지)

MRI(자기공명영상장치)의 초전도 자석 냉각

핵융합 실험 장비의 온도 조절

생명과학·의료 분야에서는

세포·생체조직 냉동 보존

사마귀 제거 등의 조직 냉동치료

식품 산업에서는 급속 냉동을 통한 조직 보존 및 품질 유지에 사용됩니다. 이처럼 질소는 생명의 근원, 식량 문제 해결의 열쇠, 첨단 기술과 과학 연구의 핵심 재료로서, 현대 사회에 없어서는 안 될 원소입니다.

● 인(P)

인은 생명체 구성에 핵심적인 역할을 하는 중요한 비금속 원소입니다. 가장 대표적인 기능은 DNA와 RNA의 골격을 구성한다는 점이며, 세포 내 에너지 전달의 중심 분자인 ATP(아데노신 삼인산)의 구성 성분이기도 합니다. 즉, 인이 없다면 유전 정보의 복제, 단백질 생성, 에너지 대사와 같은 생명 활동의 핵심 기능이 제대로 이루어질 수 없습니다.

뿐만 아니라 인은 식물 생장에 필수적인 무기 영양소입니다. 식물은 뿌리를 통해 인을 인산염(PO_4^{3-}) 형태로 흡수하며, 이는 뿌리 발달, 세포 분열, 꽃과 열매 형성 등에 결정적인 역할을 합니다. 따라서 농업에서는 인산 비료를 통해 인을 공급하고 있으며, 이는 작물 생산성을 높여 세계적인 식량 문제 해결에도 크게 기여하고 있습니다.

한편, 인은 우리의 식탁 속에서도 다양한 형태로 존재합니다. 대표적인 예가 탄산음료, 특히 콜라에 들어 있는 인산(H_3PO_4)입니다. 인산은 콜라의 톡 쏘는 산미를 내는 주요 성분으로, 청량감을 높이고 단맛의 밸런스를 맞추는 역할을 합니다. 하지만, 인산이 많이 함유된 식품을 과도하게 섭취할 경우, 체내 칼슘 흡수를 방해할 수 있다는 연구 결과도 있습니다.

특히 성장기 어린이나 청소년의 경우, 칼슘 흡수가 억제되면 뼈 형성과 유지에 영향을 줄 수 있으며, 장기적으로 골밀도 저하, 골다공증 위험 증가 등의 문제가 발생할 수 있습니다. 따라서 콜라나 인산 함유 음료는 적절히 섭취하고, 성장기에는 칼슘이 풍부한 음식과 균형 잡힌 식단을 함께 유지하는 것이 중요합니다.

● 불소(F)

불소는 지구상에서 가장 반응성이 강한 원소입니다. 전기음성도와 산화력이 매우 크기 때문에 다른 원소들과 쉽게, 그리고 격렬하게 반응하여 다양한 불소 화합물을 형성합니다. 이처럼 강력한 화학적 특성 덕분에, 불소는 산업, 의학, 구강 건강 등 여러 분야에서 폭넓게 활용되고 있습니다.

가장 대표적인 산업적 활용은 반도체 제조 공정입니다. 불소는 산화막, 유기 잔류물, 미세 이물질 등을 제거하는 세정 및 식각 공정에서 핵심적인 역할을 합니다.

예를 들어, 불화수소(HF)나 플루오린 계열 기체는 반도체 웨이퍼의 이산화규소(SiO_2) 층을 효과적으로 제거하여 나노미터 단위의 정밀 가공을 가능하게 만듭니다. 이로 인해 불소는 첨단 반도체 기술을 실현하는 데 필수적인 원소입니다.

또한 불소는 치과 및 구강 건강 분야에서도 매우 중요한 역할을 합니다. 치아의 가장 바깥층인 법랑질은 인회석 결정구조로 이루어져 있는데, 여기에 불소가 작용하면 더욱 단단하고 산에 잘 녹지 않는 플루오로아파타이트(FAP) 구조로 바뀌게 됩니다. 이 변화는 법랑질의 탈회(무기질 손실)를 막고, 손상된 부위의 재광화(remineralization, 복원)를 도와 충치를 예방하는 효과를 냅니다.

더불어, 불소는 충치를 유발하는 세균의 대사 작용을 억제하고, 산 생성량을 줄여 세균의 성장과 증식을 늦춥니다. 이러한 효과 덕분에 불소는 전 세계적으로 충치 예방의 핵심 물질로 인정받고 있으며, 일부 국가는 수돗물 불소화 정책을 통해 공중보건 차원에서 불소를 공급하고 있습니다. 이 정책은 치약을 사용하지 않는 저소득층이나 어린이에게 평등한 예방 효과를 제공한다는 장점이 있습니다.

하지만 불소는 강한 독성을 지닌 원소이기도 하며, 과다 노출 시 치아 불소증(법랑질 착색), 골격 불소증, 신경계나 내분비계 문제 가능성 등이 제기되어, 정책을 둘러싼 찬반 논의가 세계적으로 계속되고 있습니다.

우리나라의 경우 수돗물 불소화 정책은 시행되지 않고 있으며, 대신 개인이 불소치약이나 구강세정제를 통해 개별적으로 충치 예방을 실천하는 방향이 권

장되고 있습니다. 이러한 상황에서 불소 함유 치약을 올바르게 사용하는 습관은 구강 건강을 지키는 중요한 방법입니다.

● 염소(Cl)

염소는 강력한 산화력과 살균력을 가진 기체로, 현대 위생과 공중보건을 유지하는 데 있어 핵심적인 역할을 합니다.

가장 대표적인 활용 사례는 수돗물 소독입니다. 수돗물에 소량의 염소를 첨가하면 대장균, 장티푸스균, 콜레라균 등 유해 미생물의 생존과 번식을 억제할 수 있습니다. 염소는 물 속에서 차아염소산(HOCl) 형태로 존재하며, 이는 세균의 세포벽을 파괴하거나 단백질을 변성시켜 세균을 비활성화시키는 작용을 합니다.

또한 수영장에서도 염소는 소독제로 널리 사용됩니다. 수영장은 많은 사람이 이용하는 공간이기 때문에, 적절한 농도의 염소를 지속적으로 유지함으로써 세균 오염을 방지하고 공공 위생을 유지합니다. 염소의 살균력은 일상생활에서도 다양하게 활용됩니다. 예를 들어, 생선에 소금(염화나트륨, NaCl)을 뿌려 부패를 막는 전통적인 방식도 염소 이온이 세균의 수분을 빼앗아 생존을 어렵게 만드는 원리를 이용한 것입니다.

또한 염소는 표백제로도 활약합니다. 염소계 표백제는 섬유에 남은 얼룩이나 색소를 분해하여 깨끗하고 흰색으로 만들며, 종이 제조 과정에서도 염소 화합물이 표백 공정에 사용됩니다. 대표적인 가정용 염소계 세제인 락스(차아염소산나트륨)는 세탁, 주방, 욕실 등에서 세균 제거 및 표백 효과로 널리 사용되고 있습니다.

한편, 수돗물에서 나는 특유의 염소 냄새는 불쾌할 수 있지만, 이는 물속에 남아 있는 '잔류 염소' 때문입니다. 잔류 염소는 수돗물이 가정까지 이동하는 동안 세균의 증식을 억제하여, 수질을 안전하게 유지하는 중요한 역할을 합니다. 우리나라는 세계보건기구(WHO)의 기준에 따라 잔류 염소 농도를 철저하게 관리하고 있으며, 인체에 해가 없는 수준으로 유지됩니다. 따라서 수돗물에서 약간의 염소 냄새가 나는 것은 위생 관리가 잘 되고 있다는 신호이며, 건강에 해가 없는 안전한 상태임을 의미합니다.

● 요오드(I)

요오드는 인체에 꼭 필요한 미량 무기질로, 갑상샘 호르몬 합성에 필수적인 원소입니다. 하루 필요량은 매우 적지만, 신진대사 조절, 체온 유지, 성장과 발달 등 갑상샘 기능 유지에 핵심적인 역할을 합니다.

우리 몸은 요오드를 이용해 티록신(T_4)과 트리요오드티로닌(T_3)이라는 갑상샘 호르몬을 만듭니다. 이 호르몬들은 세포의 에너지 생산, 단백질 합성, 뇌 발달 등에 관여하며, 특히 태아기나 성장기에는 두뇌 및 신체 발달에 필수적입니다.

요오드가 부족하면 갑상샘에서 충분한 호르몬을 만들지 못해, 갑상샘 기능 저하증이 나타납니다. 대표적인 증상으로는 피로감, 체중 증가, 무기력감, 추위 민감성, 집중력 저하 등이 있으며, 만성적인 경우 갑상샘이 비대해지는 '갑상샘종(고이터)'으로 발전할 수 있습니다. 특히 임산부의 요오드 결핍은 태아의 뇌 형성과 신경계 발달 장애, 심할 경우 지적 장애, 발육 지연으로 이어질 수 있어 매우 위험합니다.

반면, 요오드를 과다 섭취할 경우에도 문제가 발생할 수 있습니다. 대표적으로는 갑상샘 기능 항진증이나 자가면역성 갑상샘염이 있으며, 항진증의 경우 체중 감소, 불안감, 손 떨림, 심박수 증가 등의 증상을 유발합니다. 자가면역 질환의 경우 면역체계가 갑상샘을 공격하여 염증과 기능 이상을 일으킵니다. 따라서 요오드는 부족해도, 과해도 문제가 되는 대표적인 원소이며, 균형 잡힌 섭취가 매우 중요합니다.

한국인은 해조류 중심의 식단 덕분에 요오드 섭취량이 세계 평균보다 높은 편입니다. 미역, 다시마, 김 등은 요오드가 매우 풍부한 식품으로, 정상적인 경우 건강에 이로우나, 갑상샘 기능 항진증 환자의 경우 과도한 해조류 섭취는 증상을 악화시키고, 약물 치료 효과를 떨어뜨릴 수 있습니다. 예를 들어, 산후 조리 음식으로 널리 먹는 미역국도 갑상샘 질환 병력이 있는 사람이라면 의사의 조언에 따라 섭취량을 조절하는 것이 바람직합니다.

● 헬륨(He)

헬륨은 우주에서 수소(H) 다음으로 많은 원소이며, 가장 가벼운 비활성 기체 중 하나입니다. 하지만 지구 대기 중에는 전체의 0.0005% 정도만 존재하며, 지구에서는 천연가스 매장지에서의 부산물로 소량 채취됩니다. 헬륨은 화학적으로 매우 안정적이며 불이 붙지 않는 비활성 기체입니다. 또한, 모든 원소 중 끓는점이 가장 낮은 원소(-269℃) 로, 극저온 냉매로서 뛰어난 성능을 발휘합니다.

대표적인 활용 예로는 MRI(자기공명영상장치) 의 초전도 자석 냉각에 사용됩니다. 초전도체는 매우 낮은 온도에서만 작동하기 때문에, 액체 헬륨이 필수적으로 사용됩니다. 또한 헬륨은 공기보다 가볍고 인화성이 없어 풍선, 기상 관측 기구, 저고도 비행선 등에서 안전한 부양 기체로 널리 사용되며, 반도체 제조, 광섬유 생산, 용접 등 고온·고정밀 작업에서는 불활성 보호 가스로 활용되어 산화를 방지하고 공정의 정밀도를 높이는 데 기여합니다.

헬륨-3(^{3}He): 미래 에너지의 열쇠

헬륨의 동위원소 중 하나인 헬륨-3는 두 개의 양성자와 한 개의 중성자로 구성된 희귀한 안정 동위원소로, 중수소(D)와 함께 사용할 경우 기존 핵융합 방식보다 방사능 폐기물이 적고 반응 제어가 쉬운 특성을 지녀, 청정에너지로서 가능성이 크게 주목받고 있습니다.

그러나 헬륨-3는 지구상에서는 매우 희귀하여 확보가 어렵고, 가격도 매우 비쌉니다. 흥미롭게도 달의 표면에는 태양풍에 의해 축적된 헬륨-3가 풍부할 것으로 예상되며, 이에 따라 달 탐사와 자원 개발의 핵심 목표 중 하나로 떠오르고 있습니다.

● 네온(Ne)

네온(Ne)은 비활성 기체로, 화학적으로 매우 안정적이며 무색·무취의 기체입니다. 공기 중에는 약 0.0018% 정도만 존재하지만, 전기 자극을 받으면 특유의 선명한 주황~붉은빛을 내는 발광 특성 덕분에 광고, 조명, 전자기기 등 다양한 분야에서 널리 활용됩니다.

전압이 가해지면 네온 원자는 들뜬 상태가 되었다가, 에너지를 방출하며 다시 안정된 상태로 돌아오면서 빛을 냅니다. 이러한 현상은 1920~30년대부터 '네온사인(Neon sign)'이라는 형태로 본격 상용화되었으며, 지금도 거리 간판, 공연장, 건물 외벽 조명 등에 사용되고 있습니다. 순수 네온 기체는 선명한 주황색을, 다른 색은 아르곤, 크립톤, 헬륨 등 다른 기체 또는 유리관의 형광 도료를 활용해 구현합니다.

또한 네온은 낮은 전압에서도 발광이 가능하고 에너지 효율이 높아, 소형 전구, 전기 스위치 표시등, 계측기기 디스플레이, 고전압 경고등 등에도 사용됩니다. 구조가 간단하고 수명이 길며, 연속 작동에 적합하기 때문에 산업 장비와 일상기기 모두에서 실용적으로 쓰입니다. 이처럼 네온은 화려한 대형 간판부터 실용적인 소형 조명까지, 도시의 밤을 은은하게 밝혀주는 독특한 역할을 수행하는 기체입니다.

● **크립톤(Kr)**

크립톤(Kr)은 비활성 기체 중 하나로, 공기 중에 약 0.0001% 미만만 존재하는 희귀한 무색·무취의 기체입니다. 이름은 라틴어 kryptos(숨겨진 것)에서 유래했을 만큼 눈에 잘 띄지 않지만, 특정 조건에서 선명하고 독특한 빛을 발하는 성질 덕분에 다양한 과학·산업 분야에서 중요한 역할을 합니다.

가장 대표적인 활용은 크립톤 조명입니다. 크립톤은 백열전구나 고휘도 조명에 사용되어, 다른 기체보다 밝고 효율적인 빛을 제공합니다. 특히 사진용 플래시, 항공장비, 고급 조명 시스템에 쓰이며, 백열전구의 필라멘트 수명을 연장하는 데도 효과적입니다. 또한 크립톤 레이저(KrF excimer laser)는 자외선 영역의 강력한 레이저로, 반도체 리소그래피, 정밀 의료 시술, 안과용 시력 교정 수술(LASIK) 등에 활용됩니다.

한편 크립톤-85는 핵연료 재처리 과정에서 자연스럽게 방출되는 방사성 동위원소로, 대기 중 농도를 측정하면 특정 지역에서 핵연료가 처리되었는지 또는 핵 실험이 있었는지를 감지할 수 있어 핵 비확산 감시에 활용됩니다. 이처럼 크립톤은 드러나진 않지만, 고정밀 광원·첨단 과학 장비·국제 안보 감시 기술 등 다양한 분야에서 조용하지만 핵심적인 역할을 수행하고 있는 기체입니다.

● 제논(Xe)

제논(Xe)은 비활성 기체로, 화학적으로 매우 안전하며 무색·무취의 기체 상태로 존재합니다. 하지만 그 고유한 물리적 특성 덕분에 다양한 분야에서 고기능성 원소로 널리 활용됩니다.

제논은 고전압이 가해졌을 때 자연광에 가까운 밝고 부드러운 백색광을 방출하는 특성이 있어, 고급 자동차의 HID 헤드램프, 플래시 조명과 영화용 프로젝터, X선 및 CT 촬영 등 의료 영상 장비, 그리고 NASA 등에서 사용하는 제논 이온 추진기(Xe ion thruster)와 같은 우주 탐사용 추진체에 이르기까지 다양한 분야에서 폭넓게 활용됩니다.

또한 제논은 핵실험 감시 분야에서도 핵심적 역할을 합니다. 특히 제논-131m, 제논-133, 제논-133m, 제논-135와 같은 방사성 동위원소들은 지하 핵실험 후 대기 중으로 누출되는 핵분열 생성물로서 중요한 과학적 단서가 됩니다. 이들은 자연 상태에서 거의 존재하지 않기 때문에, 공기 중에서 미량이 검출되더라도 인공적인 핵반응이 있었음을 시사합니다.

이를 활용해 CTBT(포괄적핵실험금지조약) 이행 감시를 위한 국제 모니터링 시스템(IMS) 에서는 전 세계에 설치된 제논 감지소를 통해 대기 중 제논 농도를 상시 측정합니다. 실제로 북한 핵실험 직후, 주변국 공기 중에서 방사성 제논의 일시적 농도 상승이 감지되었으며, 이는 해당 실험이 핵분열을 수반한 폭발임을 과학적으로 입증하는 증거로 작용했습니다. 즉, 제논은 조명, 영상, 우주 기술에서의 빛나는 존재이자, 동시에 지구 안보 감시 시스템에서 조용히 핵실험을 추적하는 과학 수사관 역할도 수행하고 있는 매우 특별한 원소입니다.

● 아르곤(Ar)

아르곤(Ar)은 비활성 기체 중 하나로, 공기 중에서는 약 0.93%를 차지하며 산소와 질소 다음으로 많은 세 번째 기체입니다. 무색, 무취, 무독성의 성질을 가진 아르곤은 그 자체로는 존재감이 크지 않지만, 화학적으로 반응하지 않는 특성 덕분에 오히려 매우 다양한 산업 및 과학 분야에서 핵심적인 역할을 수행합니다.

대표적인 활용 분야는 금속 용접입니다. 용접 과정에서는 금속이 고온에 노출되기 때문에 공기 중의 산소나 수분과 반응하여 쉽게 산화되거나 부식될 수 있습니다. 이때 아르곤을 사용하면 금속 표면을 감싸는 보호막을 형성해 불필요한 화학 반응을 막고, 매끄럽고 튼튼한 용접 결과를 만들어 낼 수 있습니다. 특히 알루미늄이나 티타늄처럼 산화되기 쉬운 금속을 용접할 때, 아르곤은 필수적인 보호 기체로 사용됩니다.

또한 아르곤은 반도체 제조 공정에서도 중요한 역할을 합니다. 고순도의 아르곤은 웨이퍼 세정이나 플라스마 공정 중 불순물과의 반응을 억제하는 불활성 분위기 유지용 가스로 사용되며, 반응성이 거의 없어 산화나 오염을 방지하면서도 정밀한 작업을 가능하게 해줍니다.

조명 기기에서도 아르곤은 빠질 수 없습니다. 백열전구나 방전등 내부에 아르곤을 주입하면 필라멘트의 산화를 막아 전구의 수명을 연장할 수 있습니다. 또한, 아르곤은 고전압이 가해질 때 은은한 푸른빛 또는 보랏빛을 발광하기도 하며, 이는 디스플레이 조명, 계기판, 고전압 경고등 등에 활용됩니다.

일상 속에서는 이중창 유리 내부에 단열 기체로 주입되어 사용됩니다. 공기보다 열전도율이 낮은 아르곤은 유리창 사이에 들어가 실내 열손실을 줄이고 결로 현상을 방지함으로써 에너지 효율을 높이는 데 기여합니다.

무엇보다 아르곤은 인체에 무해하고 환경에도 부담이 없는 안전한 기체입니다. 불이 붙지도 않고 독성도 없어 작업 환경에서 다루기 쉬우며, 산업 및 실험 현장에서 기체 누출로 인한 질식만 주의하면, 거의 모든 환경에서 안전하게 사용할 수 있는 기체입니다.

● 우라늄(U)

우라늄(U)은 자연에 존재하는 원소 중 가장 무거운 금속이며, 원자력 발전과 핵무기의 핵심 원료로 사용되는 대표적인 방사성 원소입니다.

원자번호 92는 우라늄 원자핵에 양성자가 92개 있다는 의미입니다. 양성자는 양전하를 가진 입자로, 원자핵을 구성하며, 양성자 수가 같은 원자들은 같은 원소로 분류됩니다. 하지만 원자번호가 20번 이상인 무거운 원소들, 특히 우라늄처럼 양성자 수가 많은 경우, 양성자들 사이에 작용하는 전자기적 반발력(같은 전하끼리의 밀어내는 힘)이 매우 커지게 됩니다.

강한 반발력을 억제하고 원자핵을 안정적으로 유지하기 위해서는 더 많은 수의 중성자가 필요합니다. 중성자는 전하가 없지만, 강한 핵력을 통해 양성자들을 원자핵 안에 묶어주는 역할을 합니다. 이러한 이유로 우라늄은 자연 상태에서 U-238, U-235, U-234라는 세 가지 동위원소 형태로 존재합니다.

이들은 모두 양성자 수는 92개로 같지만, 중성자 수가 달라 질량수가 각각 다릅니다. 이 중에서 특히 U-235는 핵분열이 가능한 유일한 자연 핵연료로서 매우 중요합니다.

U-235는 중성자를 흡수하면 불안정해지면서 두 개 이상의 가벼운 원자핵으로 분열하는 핵분열 반응을 일으킵니다. 이 과정에서 막대한 양의 에너지와 함께 2~3개의 추가 중성자가 방출되며, 이 중성자들이 주변의 다른 U-235 원자핵과 충돌하여 연쇄적으로 핵분열을 유도하게 됩니다. 이를 연쇄 반응이라 부릅니다. 이 과정을 제어된 상태로 유지하면 원자력 발전소, 제어하지 않고 폭발적으로 확대하면 핵무기의 원리가 됩니다.

핵분열 시 방출되는 에너지는 $E=mc^2$(아인슈타인 공식)에 따라, 아주 작은 질량 손실이 막대한 에너지로 전환됩니다. 이는 단위 질량당 수천~수만 배에 달하는 화석 연료 대비 압도적인 에너지 밀도를 의미합니다.

● 플루토늄(Pu)

플루토늄(Pu)은 원자번호 94번의 방사성 금속 원소로, 주기율표상에서 우라늄(U, 92번)보다 양성자가 2개 더 많은 초우라늄 원소입니다. 자연에서는 거의 존재하지 않으며, 핵반응을 통해 인공적으로 생성된 대표적인 방사성 원소입니다.

플루토늄은 핵에너지 생산과 핵무기 제조에 있어 핵심적인 재료로 사용되며, 그 탄생부터 활용까지 과학기술과 윤리적 딜레마가 얽힌 원소입니다.

생성 과정

플루토늄은 원자로 내부에서 우라늄-238(U-238)이 중성자를 흡수하면, 우라늄-239(U-239)로 바뀌고, 이는 불안정하여 방사성 붕괴를 시작합니다.

1단계: U-239는 베타 붕괴(β^-)를 통해 중성자 하나가 양성자로 바뀌면서 네플루늄-239(Np-239)가 됩니다.

2단계: Np-239는 다시 한번 베타 붕괴를 일으켜 플루토늄-239(Pu-239)로 전환됩니다.

왜 핵분열에 유리한가?

Pu-239는 U-239에 비해 양성자는 2개 많고, 중성자는 2개 적습니다. 이로 인해 양성자 사이의 반발력은 커지고, 이를 억제할 중성자는 부족해 원자핵이 상대적으로 불안정해집니다. 따라서 핵이 분열되기 쉬운 구조가 되어, 핵연료나 핵무기 재료로 활용될 수 있습니다.

Pu-239가 중성자를 흡수하면 매우 불안정해지며 즉시 두 개의 가벼운 원자핵, 2~3개의 중성자, 그리고 막대한 에너지를 방출하며 핵분열을 일으킵니다.

이때 방출된 중성자들이 또 다른 Pu-239 원자핵에 충돌하면서 연쇄 핵분열 반응이 이어집니다.

플루토늄의 연쇄반응을 제어하지 않고 확대시키면 핵무기(원자폭탄)로 사용되며, 제어된 상태로 유지하면 원자력 발전소의 에너지원으로 활용됩니다.

현대의 대부분의 핵무기는 플루토늄-239 기반으로 설계되며, 1945년 일본 나가사키에 투하된 핵폭탄 '팻맨(Fat Man)'도 플루토늄을 이용한 무기였습니다. 이후 개발된 각국의 핵탄두들도 플루토늄을 고폭 압축해 임계질량을 초과시키는 구조를 채택하고 있습니다.

평화적 이용과 위험성

플루토늄은 사용 후 핵연료의 재처리 과정에서도 얻을 수 있으며, 이를 재활용 연료로 사용하는 고속증식로 기술이 연구되어 왔습니다. 하지만 동시에 극도의 방사성 독성과 장기적 환경 부담을 동반하는 원소이기도 합니다.

Pu-239의 반감기는 약 24,100년으로, 한 번 생성되면 수만 년간 방사능을 유지합니다. 소량으로도 인체에 치명적인 피해를 줄 수 있으며, 이에 따라 국제원자력기구(IAEA)는 플루토늄의 생산, 이동, 보관을 엄격히 감시하고 있습니다.

- **희토류 금속**

희토류 금속(Rare Earth Metals)은 이름만 들으면 매우 희귀하고 낯선 금속처럼 느껴지지만, 실제로는 지각 속에 비교적 널리 퍼져 있는 원소들입니다. 그럼에도 '희토류'라는 이름이 붙은 이유는, 이들 금속이 특정 광물 속에 복잡하게 섞여 존재하며, 화학적으로 매우 유사해 분리와 정제가 매우 어렵기 때문입니다.

희토류 금속은 주기율표상 란타넘족 15개 원소인 란탄(La), 세륨(Ce), 프라세오디뮴(Pr), 네오디뮴(Nd), 프로메튬(Pm), 사마륨(Sm), 유로퓸(Eu), 가돌리늄(Gd), 터븀(Tb), 디스프로슘(Dy), 홀뮴(Ho), 에르븀(Er), 툴륨(Tm), 이터븀(Yb), 루테튬(Lu)과, 화학적 성질이 유사한 스칸듐(Sc), 이트륨(Y)까지 포함해 총 17개 원소를 가리킵니다.

이들 원소는 대부분 산화수, 이온 반지름, 화학 반응성 등 기본적인 성질이 매우 유사하기 때문에, 특정 원소만 선택적으로 분리해 내는 것이 매우 어렵습니다. 실제로 희토류 원소가 포함된 광석을 처리하려면 수백 회의 용매 추출, 이온 교환, 침전 등의 복잡한 화학 공정을 반복해야 합니다. 이 과정에서 강산, 유기용매, 중금속 부산물이 대량 발생하며, 환경 오염과 인체 유해성 문제가 커져 대부분의 국가에서 희토류 정제 산업이 제한적입니다. 그 결과 현재 전 세계 희토류의 80% 이상이 중국에서 정제되고 있으며, 글로벌 공급망은 사실상 중국에 의해 좌우되는 상황입니다.

희토류는 왜 중요한가?

희토류는 '조금만 사용해도 전체 성능을 좌우하는 원소'입니다. 배터리, 자석, 반도체, 통신, 디스플레이, 항공우주, 방위산업 등 거의 모든 첨단 기술 제품에 필수적이며, 대체가 어렵거나 사실상 불가능한 경우가 많습니다.

특히 네오디뮴(Nd)과 디스프로슘(Dy)은 강력한 영구자석을 만드는 데 반드시 필요한 원소입니다. 이 자석은 전기차 모터, 풍력 발전기, 드론, MRI, 스마트폰 스피커 등 핵심 부품에 사용되며, 없으면 전기차의 모터 자체를 만들 수 없습니다. 즉, 희토류가 없으면 전기차 생산 자체가 어려워지며, 이는 미래 친환경 산업의 핵심 생명줄이 바로 희토류라는 뜻입니다.

현재 세계 희토류 광물 생산의 약 60%, 정제의 85~90%가 중국에 집중되어 있습니다. 다시 말해, 희토류는 '전 세계가 필요로 하지만, 실제로 정제할 수 있는 나라는 극히 제한적인 자원'이 되어버렸습니다.

실제로 중국은 과거 희토류 수출 제한 조치를 통해 일본과의 외교·경제 갈등을 야기한 바 있으며, 이후 미국, 유럽, 한국 등도 공급망 다변화, 재활용 기술 개발, 대체 소재 연구에 박차를 가하고 있습니다. 이처럼 희토류는 단순한 원소가 아니라 국가 전략 자산이자, 자원 전쟁과 기술 패권 경쟁의 중심에 있는 국제 전략 자원으로 간주되고 있습니다.

4. 원소, 원자, 분자

원소, 원자, 분자는 화학을 이해하는 데 있어 가장 기본이 되는 개념입니다. 하지만 이 세 용어는 서로 밀접하게 관련되어 있으면서도 다소 헷갈리기 쉬운 개념들이기도 합니다. 특히 원소와 원자는 비슷한 의미처럼 느껴져 혼동되기 쉬운데, 그 차이를 정확히 이해하는 것이 화학의 문을 여는 첫걸음입니다.

● 원소와 원자의 차이

자연계에 존재하거나 인공적으로 만들어져 확인된 원자의 종류는 현재까지 118가지입니다. 이렇게 서로 다른 118가지의 원자들을 원소라고 부릅니다. 즉, 원소는 원자의 종류를 나타내는 이름이라고 이해할 수 있습니다.

예를 들어, 산소 원자는 원자핵에 양성자 8개, 중성자 8개를 가지고 있고, 그 주위를 전자 8개가 돌고 있습니다. 질소 원자는 양성자와 중성자가 각각 7개, 전자도 7개가 있습니다. 이처럼 원자핵 속의 양성자의 수(=원자번호)가 다르면 서로 다른 원소가 되는 것입니다. 그리고 이런 양성자 수에 따라 분류된 원자의 종류 하나하나가 바로 '원소'입니다. 즉, 원자는 하나하나의 개별 입자이고, 원소는 그 원자들이 가진 '종류' 또는 '이름'이라 할 수 있습니다. 다시 말해, '산소(O)'는 원소이고, 산소 원자는 그 원소를 구성하는 기본 입자입니다.

● 분자의 개념과 성립

분자는 두 개 이상의 원자가 결합하여 화학적으로 안정된 구조를 이룬 것으로, 물질로서 고유한 성질을 가지는 가장 작은 단위입니다.

분자는 같은 원자들이 결합하여 만들어질 수도 있고 (예: O_2, H_2), 서로 다른 원자들이 결합하여 만들어질 수도 있습니다 (예: H_2O, CO_2). 예를 들어, 물(H_2O)은 수소 원자 2개와 산소 원자 1개가 결합한 분자입니다. 이산화탄소(CO_2)는 탄소 원자 1개와 산소 원자 2개가 결합하여 만들어집니다.

흥미롭게도, '원자'라는 개념은 고대 그리스 철학에서 '더 이상 쪼갤 수 없는 것'이라는 의미로 등장했습니다. 그러나 시간이 지나면서 과학자들은 원자가 실제로는 더 작은 입자들(전자, 양성자, 중성자)로 이루어져 있다는 사실을 밝혀냈습니다.

반면, '분자'라는 개념은 19세기 과학자 아보가드로에 의해 확립되었습니다. 그는 기체 반응을 설명하면서, 같은 온도와 압력에서 같은 부피의 기체는 동일한 수의 입자를 포함한다는 '아보가드로 법칙'을 제안했고, 이를 통해 "기체는 분자로 구성되어 있다"라는 개념이 자리 잡게 되었습니다. 즉, 원자는 물질의 기본 입자, 분자는 원자들이 결합해 화학적으로 의미 있는 구조와 성질을 가지는 물질의 최소 단위라 할 수 있습니다.

원자의 구조 : 텅 비어 있지만 질서를 가진, 상상보다 더 작은 세계

원자는 세상의 모든 물질을 구성하는 가장 기본적인 단위입니다. 그러나 원자는 단순한 점이 아니라, 내부에 복잡한 구조와 극적인 비율 차이를 지닌 매우 작은 세계입니다.

● 원자란 무엇인가?

원자는 중심에 있는 원자핵과, 그 주위를 도는 전자들로 이루어져 있습니다. 이 중 원자핵은 원자 전체 지름의 약 1/100,000에 불과할 정도로 작으며, 전자는 너무 작아서 사실상 크기를 측정하기 어려운 수준입니다.

예를 들어, 원자를 잠실 야구장만큼 큰 구(지름 약 500m)로 가정한다면, 중심에 있는 원자핵은 지름 5cm 크기의 탁구공에 해당합니다. 전자는 그 탁구공을 중심으로 거의 텅 빈 공간을 빠르게 움직이는 미세한 입자입니다. 실제로 대부분의 원자 내부는 아무것도 없는 공간이며, 전체 질량의 거의 전부는 원자핵에 집중되어 있습니다. 즉, 원자는 크기에 비해 대부분이 비어 있는 구조를 갖고 있습니다.

● 원자의 크기와 밀도 비교: 상상 속 압축

원자의 평균 지름은 원소에 따라 다소 차이가 있지만 약 0.1~0.5 나노미터(nm) 수준입니다. 이는 1mm를 1천만 등분한 수준으로, 현미경으로도 볼 수 없는 세계입니다.

흥미로운 상상을 해 봅시다. 만약 우리 몸을 구성하는 모든 원자의 '빈 공간'을 제거한다면, 사람의 실제 크기는 얼마나 될까요? 성인 한 명의 체중이 60kg이고 비중이 물과 같다고 가정하면, 체적은 약 60L, 즉 60,000,000mm³입니다. 그런데 원자의 지름은 원자핵보다 약 100,000배 크고, 부피 기준으로는 약 1,000조 배 차이가 납니다. 이를 적용하면 실제 부피는 약 60μm³(마이크로미터 큐브)가 됩니다.

이 크기는 가로·세로·높이 각각 약 4μm인 정육면체, 즉 현미경으로 간신히 보일까 말까 한 미세한 입자입니다. 이 계산에 따르면 서울·경기 지역 전체 인구를 압축하면 약 2cc, 지구 인류 전체(약 80억 명)를 원자핵만 남기고 압축하면 맥주잔 반 컵(약 250cc) 정도가 됩니다.

● 원자핵의 구성: 양성자와 중성자

과학자들은 원자핵이 다시 양성자(+)와 중성자(0)로 이루어져 있다는 사실을 밝혀냈습니다. 양성자는 양전하를 띠며, 원자번호를 결정짓는 입자입니다(예: 양성자가 8개면 산소, 7개면 질소). 중성자는 전기를 띠지 않는 입자로, 양성자와 함께 원자핵을 구성하며 원자의 질량에 기여합니다.

한편, 전자(-)는 음전하를 띠는 입자로, 원자핵 주변을 빠르게 움직이고 있습니다. 초기 과학자들은 전기를 띠는 입자인 전자를 '음'으로, 반대 개념의 입자인 양성자를 '양'으로 명명했습니다. 그러나 오늘날 우리가 알고 있듯, 전기는 전자를 통해 흐르며, 전자가 자유롭게 이동합니다. 이런 이유로, 만약 전자를 '양',

양성자를 '음'으로 명명했더라면 전기 이론이 더 직관적이지 않았을까 하는 생각도 듭니다. 이처럼 초기 과학자들의 명명 방식은 지금도 물리학을 배우는 학생들에게 혼란의 요소가 되곤 합니다.

● 전자의 운동과 전자껍질

과학자들은 한때 태양계 모델을 빌려, 전자가 행성처럼 원자핵 주위를 일정 궤도로 돈다고 생각했습니다. 그러나 이후 양자역학의 발전으로, 전자는 정확한 위치를 알 수 없고, 특정 공간에 존재할 확률만 계산할 수 있다는 사실이 밝혀졌습니다. 이는 바로 하이젠베르크의 불확정성 원리입니다.

그래서 우리는 전자의 위치를 설명하기 위해 전자껍질(에너지 준위)이라는 개념을 사용합니다. 전자가 어느 정도 에너지를 가지면, 특정한 범위의 공간에 존재할 확률이 높다는 뜻입니다.

이 전자껍질은 태양계처럼 납작한 평면이 아니라 입체적인 층 구조이며, 전자가 머물 수 있는 에너지 수준별 공간을 뜻합니다. 가장 안쪽 전자껍질은 'K껍질', 그다음은 'L, M, N...' 순으로 명명되며, 이는 처음 발견된 껍질에 K라는 이름을 붙인 데서 비롯됩니다. 일부 설에 따르면, 더 안쪽 껍질이 존재할 가능성을 고려해 A부터 시작하지 않았다고도 합니다.

주기율표를 만든 멘델레예프 :
화학의 질서를 처음으로 꿰뚫어 본 사람

물리학에 뉴턴이 있다면, 화학에는 멘델레예프가 있습니다. 뉴턴이 중력과 운동의 법칙으로 자연의 거대한 움직임을 설명했다면, 멘델레예프는 무질서하게 보였던 원소의 세계에 질서를 부여했고, 화학이라는 학문이 정량적이고 예측 가능한 과학으로 성장할 수 있는 길을 열었습니다.

● 주기율표를 만든 사람, 과학의 언어를 만든 사람

19세기 중반, 멘델레예프는 당시까지 알려졌던 60여 개의 원소를 체계적으로 배열하기 위해 각 원소의 원자량과 화학적 성질을 분석했습니다. 그는 단순히 데이터를 나열한 것이 아니라, 그 속에서 성질의 주기적인 반복(주기성)을 발견하고 이를 시각적으로 배열한 주기율표를 만들어냈습니다.

놀라운 점은, 오늘날 우리가 사용하는 주기율표와 거의 같은 구조를, 에너지 준위, 오비탈, 전자배치 개념도 전혀 모른 상태에서 완성했다는 사실입니다. 다시 말해, 지금의 화학 이론 체계 없이도 자연 속의 질서를 꿰뚫는 통찰력만으로 이토록 정교한 예측 구조를 만들어냈다는 점에서, 그의 진정한 위대함이 드러납니다.

● 예측의 과학자가 되다

멘델레예프는 주기율표를 만들면서 아직 발견되지 않은 원소들이 들어갈 자리를 빈칸으로 남겨두었고, 그 원소들이 가질 질량, 반응성, 산화수, 화합물의 형태까지도 상세히 예측했습니다.

예를 들어, 그는 '에카-실리콘'이라는 가상의 원소가 존재할 것이라고 보았고, 그 성질은 실리콘과 유사하지만 원자량은 더 클 것이라고 예측했습니다. 그리고 약 15년 뒤, 그의 예측과 거의 일치하는 게르마늄(Ge)이 실제로 발견되면서, 멘델레예프의 주기율표는 '예언의 도구'에서 '과학의 도구'로 자리 잡았습니다.

● 지금 우리는 에너지 준위와 오비탈을 안다

현대의 우리는 양자역학, 전자배치, 오비탈 구조, 에너지 준위 개념을 알고 있습니다. 이러한 개념들을 통해 각 원소가 어떤 구조를 가지고 있으며, 주기율표에서 어느 자리에 위치하는지를 체계적으로 설명할 수 있습니다.

예를 들어, 1주기에는 전자가 K껍질에만 존재하고, 2주기부터는 L껍질이 채워지며, 점차 3d 오비탈, 4f 오비탈 등 복잡한 전자배치로 확장됩니다. 이와 같은 이론적 배경을 통해 우리는 멘델레예프보다 더 체계적인 방식으로 주기율표를 재구성할 수 있습니다. 그러나, 그가 이러한 이론 없이도 정확한 구조를 잡아냈다는 사실은 지금도 과학자들에게 깊은 감동과 존경을 안겨주고 있습니다.

● 후대에 진가를 인정받은 과학자

아보가드로도, 멘델레예프도 생전에는 정당한 평가를 받지 못했습니다. 그들의 이론은 초창기에는 외면받았고, 동시대 과학자들의 무관심 속에서 조용히 묻히기도 했습니다. 하지만 시간이 흐르며 과학이 발전함에 따라, 그들의 통찰이 사실이었고, 의미 있었으며, 필수적이었다는 점이 증명되었습니다. 이제 그들의 이름은 과학 교과서, 실험실, 그리고 주기율표 한가운데에 영원히 새겨져 있습니다.

이것은 마치, 생전에는 그림이 팔리지 않았던 빈센트 반 고흐가 지금은 전 세계인이 사랑하는 예술가가 된 것과 같습니다. 과학자들에게도 시대를 앞선 통찰은 뒤늦은 찬사와 감사를 불러오는 것입니다.

원자 내부에서 전자의 배치를 알려주는 오비탈

오비탈은 원자 내부에서 전자가 어디에 존재할 가능성이 높은지를 나타내는 개념으로, 현대 화학에서 전자 배치를 설명하는 가장 핵심적인 도구입니다.

전자는 입자이면서 동시에 파동의 성질을 가지기 때문에, 그 정확한 위치나 운동 경로를 특정할 수 없습니다. 따라서 과학자들은 전자가 어디에 존재할지를 확률적으로 계산하고, 전자가 있을 가능성이 높은 3차원 공간을 오비탈이라고 정의합니다.

● 오비탈이란 무엇인가?

오비탈은 전자가 있을 확률이 높은 3차원 공간이라고 이해하면 됩니다. 전자는 특정 위치에 고정되어 있지 않지만, 일정한 에너지 상태에서는 주어진 형태의 오비탈 내에 존재할 가능성이 높습니다. 이 오비탈은 단순한 공간 개념을 넘어, 전자의 에너지 상태와 움직임, 화학적 성질까지 반영한 수학적·물리적 모형입니다.

여기서 주의해야 할 점은 '모형'이라는 표현입니다. 과학에서 모형이란 절대적인 진리를 뜻하는 것이 아니라, 복잡한 자연현상을 더 쉽게 설명하고 예측하기 위한 설명 도구입니다. 즉, 오비탈은 전자를 완벽히 묘사한 실체가 아니라, 전자의 행동을 이해하기 위한 과학자들의 계산과 경험에 기반한 합리적 추론이라 할 수 있습니다.

● 오비탈의 종류와 이름의 유래

오비탈은 s, p, d, f 네 가지 기본 종류로 분류됩니다. 이 이름들은 복잡한 과학 용어에서 따온 것이 아니라, 19세기 과학자들이 원자에 에너지를 가했을 때 나오는 스펙트럼(빛의 선들)을 분석하며 붙인 이름입니다. s 오비탈은 sharp(날카로운) 스펙트럼, p 오비탈은 principal(주요한) 선, d 오비탈은 diffuse(퍼져 있는) 선, f 오비탈은 fundamental(기본적인) 선. 즉, 이 이름 자체는 특별한 과학적 의미는 없으며, 당시의 관찰 결과에 따른 명칭일 뿐입니다.

이 외에 g, h, i 오비탈 등도 이론상 존재하지만, 자연 상태에서 안정된 원자에는 등장하지 않기 때문에 일반적인 화학 학습에서는 굳이 다루지 않습니다.

● 오비탈의 모양과 전자 배치

오비탈은 각기 다른 모양과 방향성을 가지고 있으며, 이는 전자가 공간상에

표본원소 주기율표

족	1	2	3	4	5	6	7	8
주기								
1	1 H Wasserstoff							
2	3 Li Lithium	4 Be Beryllium						
3	11 Na Natrium	12 Mg Magnesium						
4	19 K Kalium	20 Ca Calcium	21 Sc Scandium	22 Ti Titan	23 V Vanadium	24 Cr Chrom	25 Mn Mangan	26 Fe Eisen
5	37 Rb Rubidium	38 Sr Strontium	39 Y Yttrium	40 Zr Zirconium	41 Nb Niob	42 Mo Molybdän	43 Tc Technetium	44 Ru Ruthenium
6	55 Cs Caesium	56 Ba Barium	*71 Lu Lutetium	72 Hf Hafnium	73 Ta Tantal	74 W Wolfram	75 Re Rhenium	76 Os Osmium
7	87 Fr Francium	88 Ra Radium	**103 Lr Lawrencium	104 Rf Rutherfordium	105 Db Dubnium	106 Sg Seaborgium	107 Bh Bohrium	108 Hs Hassium

* 란탄족 Lanthanoids	*	57 La Lanthan	58 Ce Cer	59 Pr Praseodym	60 Nd Neodym	61 Pm Promethium	62 Sm Samarium
** 악티늄족 Actionoids	**	89 Ac Actinium	90 Th Thorium	91 Pa Protactinium	92 U Uran	93 Np Neptunium	94 Pu Plutonium

9	10	11	12	13	14	15	16	17	18
									2 **He** Helium
				5 **B** Bor	6 **C** Kohlenstoff	7 **N** Stickstoff	8 **O** Sauerstoff	9 **F** Fluor	10 **Ne** Neon
				13 **Al** Aluminium	14 **Si** Silicium	15 **P** Phosphor	16 **S** Schwefel	17 **Cl** Chlor	18 **Ar** Argon
27 **Co** Cobalt	28 **Ni** Nickel	29 **Cu** Kupfer	30 **Zn** Zink	31 **Ga** Gallium	32 **Ge** Germanium	33 **As** Arsen	34 **Se** Selen	35 **Br** Brom	36 **Kr** Krypton
45 **Rh** Rhodium	46 **Pd** Palladium	47 **Ag** Silber	48 **Cd** Cadmium	49 **In** Indium	50 **Sn** Zinn	51 **Sb** Antimon	52 **Te** Tellur	53 **I** Iod	54 **Xe** Xenon
77 **Ir** Iridium	78 **Pt** Platin	79 **Au** Gold	80 **Hg** Quecksilber	81 **Tl** Thallium	82 **Pb** Blei	83 **Bi** Bismut	84 **Po** Polonium	85 **At** Astat	86 **Rn** Radon
109 **Mt** Meitnerium	110 **Ds** Darmstadtium	111 **Rg** Roentgenium	112 **Cn** Copernicium	113 **Nh** Nihonium	114 **Fl** Flerovium	115 **Mc** Moscovium	116 **Lv** Livermorium	117 **Ts** Tenness	118 **Og** Oganesson

63 **Eu** Europium	64 **Gd** Gadolinium	65 **Tb** Terbium	66 **Dy** Dysprosium	67 **Ho** Holmium	68 **Er** Erbium	69 **Tm** Thulium	70 **Yb** Ytterbium
95 **Am** Americium	96 **Cm** Curium	97 **Bk** Berkelium	98 **Cf** Californium	99 **Es** Einsteinium	100 **Fm** Fermium	101 **Md** Mendelevium	102 **No** Nobelium

서 어떻게 분포하는지를 결정합니다.

s 오비탈은 전자가 중심 원자핵을 기준으로 동그랗게 퍼져 있는 형태이고, p 오비탈은 x축, y축, z축을 따라 세 방향에 하나씩 존재하는 형태이고, d 오비탈은 총 5가지 모양, f 오비탈은 총 7가지 방향으로 전자가 퍼져 있는 형태로 존재한다. 각 오비탈은 전자들이 들어갈 수 있는 '자리'이며, 한 오비탈에는 최대 2개의 전자만 들어갈 수 있습니다. 예를 들어 p 오비탈은 x, y, z 방향의 3개가 존재하며, 각 오비탈에 2개의 전자가 들어가므로 최대 6개의 전자가 p 오비탈에 채워질 수 있습니다.

하지만 오비탈의 모양에 과도하게 집중할 필요는 없습니다. 이러한 구조는 어디까지나 전자의 위치를 예측하기 위한 수학적 모델일 뿐이며, 실제 전자가 그 모양대로 "그려지는" 것은 아닙니다. 오히려 오비탈의 존재 자체를 전자가 어떤 에너지 상태에 있을 수 있는 공간으로 이해하는 것이 더 유용하며, 오비탈의 시각적 이미지보다 전자가 어떤 순서와 규칙에 따라 배치되는가에 집중하는 것이 화학을 보다 효과적으로 이해하는 데 도움이 됩니다.

● 오비탈과 물질의 성질

오비탈은 단순히 전자의 위치만 설명하는 것이 아닙니다. 전자가 어떤 오비탈에 어떻게 배치되었는지에 따라, 원자의 화학적 성질, 반응성, 결합 방식, 그리고 주기율표의 구조까지 결정됩니다. 예를 들어, 원자가 전자가 s 오비탈에 있느냐, p 오비탈에 있느냐에 따라 금속성, 이온화 경향, 전기 전도성, 화학 결합 능력 등이 완전히 달라집니다.

또한 원자들이 결합해 분자를 형성할 때, 오비탈 간의 겹침, 전자 공유, 전자 이동 등이 일어나면서 화학 결합이 만들어집니다. 즉, 오비탈은 단지 전자의 집이 아니라, 화학 결합의 본질을 설명해 주는 핵심적인 개념이며, 모든 물질의 성질과 반응을 이해하기 위한 화학의 언어입니다.

원자의 에너지 준위, 즉 원자 껍질들에 존재할 수 있는 오비탈

원자 내부에서 전자가 배치되는 방식은 마치 우주처럼 정교하고 복잡한 구조를 갖고 있습니다. 이를 설명하기 위해 과학자들은 전자껍질과 오비탈이라는 개념을 만들어냈습니다.

전자껍질은 비슷한 에너지를 가진 오비탈들의 집합입니다. 각 전자껍질은 원자핵으로부터의 거리, 즉 에너지 준위를 기준으로 구분되며, 각 껍질 안에는 여러 종류의 오비탈이 포함됩니다. 비유하자면, 전자껍질은 '오비탈의 집', 오비탈은 '전자의 방'이라고 할 수 있습니다.

● 전자껍질의 구조와 규칙

전자껍질은 K, L, M, N, O, P, Q, R 순으로 번호(n=1~8)가 매겨집니다. 그리고 각 껍질이 수용할 수 있는 전자의 최대 수는 $2n^2$ 공식으로 계산됩니다.

하지만 실제로는 전자가 이 껍질 순서대로만 채워지지 않습니다. 때로는 바깥껍질의 오비탈이 안쪽보다 에너지가 낮아 먼저 채워지는 경우도 있으며, 껍질 내에서도 오비탈의 에너지 차이에 따라 채워지는 순서가 달라집니다.

● 껍질과 오비탈의 관계

전자껍질마다 존재하는 오비탈의 종류는 다음과 같습니다:

K 껍질(n=1) → 1s 오비탈 (2전자)

L 껍질(n=2) → 2s, 2p 오비탈 (8전자)

M 껍질(n=3) → 3s, 3p, 3d 오비탈 (18전자)

N 껍질(n=4) → 4s, 4p, 4d, 4f 오비탈 (32전자)

O 껍질(n=5) → 5s, 5p, 5d, 5f, 5g 오비탈 (50전자, g 오비탈은 실제 원소에서는 비활성)

P 껍질(n=6) → 6s, 6p, 6d, 6f, 6g, 6i 오비탈 (72전자, g, i 오비탈은 현재까지 알려진 원소에서 사용되지 않음)

Q 껍질(n=7) → 7s, 7p 오비탈만 존재

R 껍질(n=8) → 8s 오비탈만 존재

이처럼 오비탈은 에너지 준위가 올라갈수록 복잡해지고, 존재 가능한 오비탈의 수는 많아지지만, 실제로는 자연계의 원소가 118개에 불과하기 때문에 모든 오비탈이 채워지지는 않습니다.

● 흥미로운 사실

세 번째 껍질(M)은 총 18개의 전자를 수용할 수 있습니다. 이는 3s(2개) + 3p(6개) + 3d(10개) 오비탈이 모두 포함되기 때문입니다. 네 번째 껍질(N)은 최대 32개까지 수용 가능한데, 그 중 앞의 18개는 M 껍질과 동일한 s, p, d 오비탈이고, 추가로 f 오비탈이 더해져 14개의 전자가 더 들어갈 수 있습니다. 이처럼 껍질 구조는 일정한 수학적 규칙을 따르지만, 실제 채워지는 순서는 매우 정교한 에너지 계산에 따라 이루어집니다.

과학자들은 이런 구조를 "자연의 수학"이라 부르지만, 이를 보고 어떤 사람들은 "신이 설계한 복잡한 게임판 같기도 하다"고 표현하기도 합니다.

에너지가 낮은 준위부터 전자가 채워진다

원자 내부에서 전자가 어떤 오비탈에, 어떤 순서로 채워지는지는 단순한 숫자 순서가 아니라 복잡하면서도 일정한 규칙에 따라 이루어집니다. 이를 이해하기 위해 과학자들은 세 가지 기본 원칙을 정리해 왔습니다. 이 원칙은 전자가 실제로 그렇게 "움직인다"기보다는, 관찰된 결과를 가장 잘 설명할 수 있는 방식이라고 보는 것이 더 적절합니다. 즉, 전자들이 정말 이렇게 배열되어 있는지는 알 수 없지만, 우리가 이렇게 배열했다고 가정하면 결과가 잘 들어맞는다는 뜻입니다.

● 오비탈에 전자가 채워지는 3가지 기본 원칙

1. 같은 껍질(n값) 내에서는 s → p → d → f 오비탈 순서로 전자가 채워집니다.

2. 에너지 준위가 다를 경우, 에너지가 더 낮은 오비탈부터 먼저 채워집니다. 예를 들어, 4s 오비탈이 3d보다 에너지가 낮기 때문에 3d보다 먼저 채워집니다.

3. 특정 오비탈이 채워지기 시작하면, 반드시 그 오비탈을 모두 채운 후에 다음 오비탈로 넘어갑니다. 예를 들어, f 오비탈이 시작되면 먼저 f를 채우고, 그다음은 d → p → s 순으로 이동합니다.

이 규칙들은 자연의 전자 배치를 설명하는 데 가장 적합한 관찰 기반의 모형이며, 실제 전자가 그렇게 "결정되어 있다"기보다는, 우리가 그렇게 배열했다고 보면 대부분의 결과가 설명됩니다.

● 실제 전자배치의 흐름

전자들은 다음과 같은 순서로 오비탈에 채워집니다:

1s → 2s → 2p → 3s → 3p → 4s → 3d → 4p → 5s → 4d → 5p → 6s → 4f → 5d → 6p → 7s → 5f → 6d → 7p → 8s

이 순서를 외우는 것보다는, 흔히 알려진 '대각선 법칙(대각선 규칙)'이나 에너지 준위 표를 활용해 이해하는 것이 효율적입니다.

이 배치 순서는 단순한 껍질 번호 순서(n값 기준)가 아니며, 때로는 바깥 껍질이 안쪽보다 먼저 채워지는 독특한 순서를 따릅니다. 또한, 채워지는 오비탈 순서가 s → p → d → f로 정방향으로만 채워지는 것이 아니라, 때로는 f → d → p → s처럼 역방향으로 채워지는 경우도 있어 매우 흥미롭고 복잡한 구조를 보여줍니다. 이러한 구조는 전자의 배치가 평면적이지 않고, 입체적이며 에너지 균형에 따라 결정된다는 사실을 보여줍니다.

● 예외적인 전자 배치도 존재한다

위의 규칙은 대부분의 원소에 잘 들어맞지만, 일부 원소는 예외적인 전자배치를 보이기도 합니다. 대표적인 예는 크롬(Cr)과 구리(Cu)입니다.

크롬(Cr)은 원래 [Ar] $4s^2\ 3d^4$가 되어야 할 것 같지만, 실제로는 [Ar] $4s^1\ 3d^5$입니다.

구리(Cu)의 예상은 [Ar] $4s^2\ 3d^9$이지만, 실제는 [Ar] $4s^1\ 3d^{10}$입니다.

이런 예외는 d 오비탈이 반쌍극자(half-filled) 또는 완전충전(full-filled) 상태일 때 더 안정해지는 경향 때문입니다.

전자껍질에 있는 오비탈은 그림과 같습니다.

n=1	2	1s					
n=2	8	2s	2p				
n=3	18	3s	3p	3d			
n=4	32	4s	4p	4d	4f		
n=5	50	5s	5p	5d	5f	5g	
n=6	72	6s	6p	6d	6f	6g	6h
n=7	98	7s	7p	7d	7f	7g	7h	7i
		s^2	p^6	d^{10}	f^{14}	g^{18}	h^{22}	i^{26}

전자껍질의 오비탈

오비탈의 개념을 간단히 설명하겠습니다

오비탈은 전자가 원자 안에서 어디쯤 존재할 가능성이 높은지를 나타내는 공간입니다. 전자는 너무 작고 빠르게 움직이기 때문에 정확한 위치를 알 수 없고, 우리가 직접 볼 수도 없습니다. 그래서 과학자들은 양자역학과 실험 결과를 바탕으로 오비탈이라는 개념을 만들어냈습니다.

오비탈은 사실 복잡한 수학과 물리학, 특히 파동함수와 양자역학 이론에 기반한 과학적 상상력의 산물입니다. 그러나 화학을 공부하는 데 있어, 이 복잡한 이론을 전부 이해할 필요는 없습니다. 오비탈이라는 공간이 존재한다는 것, 전자는 그 안에 채워진다는 것, 그리고 그 배치에 따라 원자의 성질이 결정된다는 사실만 알아도 충분합니다. 쉽게 말해, 오비탈은 '전자의 방'입니다. 그 방에 어떻게 전자가 채워지느냐에 따라 원소의 성질이 달라지고, 이 원리가 바로 주기율표의 구조를 만들어내는 핵심 원리입니다.

오비탈은 화학 결합, 분자 구조, 화학 반응을 이해하고 예측하는 데에도 꼭 필요한 개념입니다. 복잡한 계산은 몰라도 괜찮습니다. 다음 세 가지만 기억하세요:

1. 오비탈은 전자가 머무는 공간이다.
2. 전자는 에너지 순서에 따라 오비탈에 채워진다.
3. 그 배치가 원자의 성질을 결정한다.

이 세 가지를 이해하는 것만으로도 화학의 큰 틀을 충분히 파악할 수 있습니다. 보다 깊은 내용은 필요할 때, 필요한 사람이 더 공부하면 되는 것이 바로 오비탈입니다.

주기율표 만들기

주기율표는 원자 내부에 전자가 어떻게 배열되는지에 따라 원소를 정리한 표입니다. 멘델레예프는 전자껍질이나 오비탈, 양성자 수조차 알지 못했던 시대에 원자량과 화학적 성질만으로 주기율표를 만들었지만, 오늘날 우리는 더 많은 정보를 바탕으로 정확하고 체계적인 주기율표를 구성할 수 있습니다.

● 오비탈 에너지 순서대로 정리하기

전자는 일정한 순서에 따라 오비탈에 채워집니다. 그 대표적인 순서는 다음과 같습니다:

1s → 2s, 2p → 3s, 3p → 4s → 3d → 4p → 5s → 4d → 5p → 6s → 4f → 5d → 6p → 7s → 5f → 6d → 7p → 8s

이처럼 오비탈의 에너지 준위에 따라 원소들을 나열하면, 하나의 주기(가로줄)를 구성할 수 있습니다. 또, 마지막에 채워지는 오비탈의 종류에 따라 s, p, d, f 블록으로 나눌 수 있으며, 전자 수에 따라 세로줄인 족이 형성됩니다.

● 왜 18족으로 배열할까?

6주기와 7주기는 다음과 같은 전자배치를 가집니다:

6주기: 6s → 4f → 5d → 6p

7주기: 7s → 5f → 6d → 7p

이 순서를 그대로 배열하면 한 줄에 원소가 32개나 들어가야 하므로, 가독성과 구조의 효율성을 위해 과학자들은 4f(란탄족), 5f(악티늄족)을 별도로 아래쪽에 분리해 배치했습니다. 이 덕분에 주기율표는 일반적으로 18개의 세로줄(족)로 정리되며, 이는 우리가 흔히 보는 표준 형태의 주기율표가 됩니다.

● 왜 s → d → p 순으로 나열할까?

같은 주기 내에서도 전자는 단순히 왼쪽에서 오른쪽으로 채워지는 것이 아닙니다. 예를 들어 4주기는 4s → 3d → 4p 순으로 전자가 채워지는데, 이는 3d 오비탈이 4s와 4p 사이의 에너지 준위를 갖기 때문입니다. 따라서 우리는 편의상 3d 오비탈도 4주기에 포함시켜 시각적으로 정렬하며, 이런 방식은 주기율표의 연속성과 이해도를 높이기 위한 약속입니다. 예를 들어 철(Fe)은 실제로는 3d 오비탈을 채우지만 4주기에 배치됩니다.

● 전자배치 순서로 주기율표 만들기

아래는 전자배치 순서를 따라 만든 간단한 주기율표 구조입니다:

1s → 수소(H), 헬륨(He)

2s, 2p → 리튬부터 네온

3s, 3p → 나트륨부터 아르곤

4s, 3d, 4p → 칼륨부터 크립톤

5s, 4d, 5p → 루비듐부터 제논

6s, 4f, 5d, 6p → 세슘부터 라돈

7s, 5f, 6d, 7p → 프랑슘부터 오가네손

이와 같은 방식으로 전자를 채워가며 주기율표를 구성하면, 가로는 주기, 세로는 족이 되고, 같은 족에 속한 원소는 전자배치가 유사하여 화학적 성질도 비슷하게 나타납니다.

● 예외적인 전자배치에 주의

전자배치는 일반적으로 위의 원칙을 따르지만, d오비탈과 f오비탈이 포함될 경우 일부 원소는 예외적인 전자배치를 보입니다. 대표적인 예로 크롬(Cr)은 [Ar] $4s^1 3d^5$ (예상: $4s^2 3d^4$), 구리(Cu): [Ar] $4s^1 3d^{10}$ (예상: $4s^2 3d^9$)입니다.

이러한 예외는 오비탈 내에서 전자 간 상호작용, 안정한 전자쌍 구조, 반쌍극자 상태 등을 고려했을 때 더 안정한 구조가 되기 때문에 나타납니다. 이처럼 전자배치의 흐름과 오비탈의 구조를 이해하면, 주기율표가 단지 외우는 표가 아닌, 자연의 질서를 반영한 과학적 지도라는 사실을 더 깊이 이해할 수 있습니다.

주기율표에서 알 수 있는 것

● 주기율표에서 전자배치 읽기

주기율표는 단순한 원소 목록이 아니라, 원자 속 전자들이 어떻게 배치되는지를 보여주는 지도입니다. 각 원소의 위치(주기와 족)를 보면, 그 원소의 전자배치를 거의 예측할 수 있습니다.

▶ 행(Row) = 주기 = 전자껍질 수 (에너지 준위 n)

1주기 → 1s까지 사용 (예: 수소, 헬륨)

2주기 → 2s, 2p 사용 (예: 리튬~네온)

3주기 → 3s, 3p 사용 (예: 나트륨~아르곤)

4주기부터는 d오비탈까지 포함됨 (예: 칼륨~크립톤)

6, 7주기에는 f오비탈도 사용됨 (란타넘족, 악티늄족)

▶ 열(Column) = 족 = 가장 바깥 전자 수(원자가 전자)

1족: ns^1 (알칼리 금속)

2족: ns^2 (알칼리 토금속)

13족: $ns^2\,np^1$

14족: $ns^2\,np^2$

18족: $ns^2\,np^6$ (비활성 기체, 껍질이 꽉 찬 상태)

이처럼 전자배치를 이해하면, 원소가 어느 주기·족에 위치하는지, 어떤 화학적 성질을 가질지 예측할 수 있습니다.

● 족별 성질의 주기적 반복

주기율표를 세로로 보면, 족(족 = 같은 열)에 위치한 원소들은 비슷한 화학적 성질을 가집니다. 이는 가장 바깥 껍질에 있는 전자 수(원자가 전자)가 같기 때문입니다.

족별 대표 성질은 다음과 같습니다.

1족 (알칼리 금속)은 전자가 1개로 반응성 매우 크며, 물과 격렬히 반응하여 수소 발생합니다.

2족 (알칼리 토금속)은 전자 2개로 반응성 큽니다. (1족보다는 약함)

17족 (할로젠)은 전자 7개로 전자 1개만 채우면 안정되며, 전자를 잘 받아들이는 성질, 강한 산화제가 됩니다.

18족 (비활성 기체)는 전자가 가득 채워진 상태로 매우 안정되어, 반응이 거의 안 됩니다.

이처럼 주기율표의 세로 구조는 '성질의 반복(주기성)'을 보여주는 중요한 특징입니다.

● 오비탈 블록에 따른 원소 성질

주기율표는 마지막 전자가 어느 오비탈에 들어가는지에 따라 s, p, d, f 블록으로 나눕니다. 이 구분은 단지 외형이 아니라, 화학적 성질의 핵심 구조입니다.

s블록 (1~2족, He 포함)은 마지막 전자가 s오비탈에 위치하며, 구조가 간단하며 반응성 뚜렷합니다. 대표적 예로 수소, 나트륨, 마그네슘 등이 있습니다.

p블록 (13~18족)은 마지막 전자가 p오비탈에 위치하며, 금속/비금속/준금

속이 혼합해 있습니다. p블록의 원소들은 다양한 화학적 성질과 다양한 결합을 합니다. 대표적 예로 산소, 질소, 탄소, 염소 등이 있습니다.

　d블록 (3~12족, 전이금속)은 마지막 전자가 d오비탈에 위치하며, 다양한 산화수, 착화합물 형성, 금속적 성질 강합니다. 대표적 예로 철, 구리, 은, 아연 등이 있습니다.

　f블록 (란타넘족, 악티늄족)은 마지막 전자가 f오비탈에 위치하며, 대부분 방사성 물질이며, 전자 배치 복잡합니다. 대표적 예로 우라늄, 토륨, 플루토늄 등이 있습니다.

　이 오비탈 구분은 원자의 전자 구조뿐만 아니라, 금속성·비금속성·반응성·전기전도성 등 물질의 성질 전반을 이해하는 데 매우 유용합니다.

　주기율표는 단지 외워야 할 표가 아니라, 전자배치의 원리로 구성된 과학적 도구입니다. 오비탈과 전자배치를 통해 원소의 위치를 이해하면, 원자의 구조, 화학 반응의 방향성, 물질의 성질까지도 자연스럽게 파악할 수 있습니다. 화학은 외우는 과목이 아니라 읽고, 해석하고, 예측할 수 있는 과학의 언어입니다. 주기율표는 그 언어를 해독하는 가장 강력한 열쇠입니다.

주기율표 외우기

　주기율표를 통째로 암기하는 일은 결코 쉽지 않습니다. 일본처럼 원소 118

개를 노래로 외우는 방식도 있지만, 이는 단순한 암기에 그쳐 실제 화학 공부에 큰 도움이 되지 않는 경우가 많습니다. 보다 효과적인 방법은 전자배치의 공통성과 족별 성질의 유사성을 기준으로 원소들을 패턴화해 익히는 것입니다.

주기율표에서 세로줄(족)에 위치한 원소들은 최외각 전자 수와 오비탈 구조가 유사하기 때문에 비슷한 화학적 성질을 가지며, 이 족별 패턴을 활용하면 단순한 암기를 넘어 구조적 이해로 이어질 수 있습니다.

- **1족: 수니나카구은금**

수소(H), 리튬(Li), 나트륨(Na), 칼륨(K)까지는 실제 1족이고, 구리(Cu), 은(Ag), 금(Au)은 11족이지만 마지막 전자배치가 s^1 형태로 1족 원소와 유사하여 화학적 성질이 비슷하고, 최외각 전자 수가 1개(s^1)여서 반응성 높고 알칼리 금속 성질 가집니다.

- **2족: 베마카스바라아카수**

베릴륨(Be), 마그네슘(Mg), 칼슘(Ca), 스트론튬(Sr), 바륨(Ba)은 2족, 아연(Zn), 카드뮴(Cd), 수은(Hg)은 12족이지만 마지막 전자배치가 s^2로 끝나 실제 2족 원소와 비슷한 화학적 성질 가지며, 최외각 전자 수가 2개(s^2)라 알칼리 토금속과 유사한 경향을 보입니다.

- **13족: 붕알갈인탈**

붕소(B), 알루미늄(Al), 갈륨(Ga), 인듐(In), 탈륨(Tl)는 최외각 전자가 총 3

개($s^2\ p^1$)로 반도체 도핑에 쓰이는 3가 원소들입니다.

● **14족: 탄규게주납**

탄소(C), 규소(Si), 게르마늄(Ge), 주석(Sn), 납(Pb)는 최외각 전자가 총 4개($s^2\ p^2$)로 반도체(규소, 게르마늄)의 기본 원소들이 있습니다.

● **15족: 질인비안비**

질소(N), 인(P), 비소(As), 안티몬(Sb), 비스무트(Bi)는 최외각 전자가 총 5개($s^2\ p^3$)로 반도체 도핑용 5가 원소들이 있습니다.

● **16족: 산유크몰텅**

산소(O), 유황(S), 크롬(Cr), 몰리브덴(Mo), 텅스텐(W)인데, 산소, 유황은 전형적 16족 비금속이고 크롬, 몰리브덴, 텅스텐은 전이금속이지만 d오비탈 전자배치 특성상 $s^1\ d^5$ 또는 $s^1\ d^5$ 구조로 안정화되어 6개 전자처럼 행동합니다.

● **17족: 불염브요아**

불소(F), 염소(Cl), 브롬(Br), 요오드(I), 아스타틴(At)는 최외각 전자가 총 7개($s^2\ p^5$)로 전자 하나만 더 얻으면 안정한 완전 껍질로 되기 때문에 반응성 강하고 산화력 큽니다.

- **18족: 헬네아크제라**

헬륨(He), 네온(Ne), 아르곤(Ar), 크립톤(Kr), 제논(Xe), 라돈(Rn)은 최외각 전자가 완전 충전된 $s^2 p^6$입니다 (He는 s^2). 이렇게 되면 반응 거의 없는 비활성 기체가 됩니다.

- **이 방법의 장점**

족별 전자배치와 화학적 성질을 함께 이해하며 외울 수 있어, 단순 암기를 넘어 구조적 이해로 확장됩니다. 주기율표에서의 원소 위치와 원자번호 예측이 쉬워집니다. 반도체 도핑, 금속의 반응성, 이온화 경향 등 실제 화학 개념과의 연결이 쉬워집니다. 시험에 자주 등장하는 대표 원소들을 우선순위로 외울 수 있어 학습 효율이 높습니다.

주기율표는 단순한 외우기용 표가 아닙니다. 족별 원소의 전자배치와 성질을 묶어 익히면 화학 반응의 경향성과 규칙성을 보다 쉽게 이해할 수 있습니다. 즉, 암기가 아니라 패턴 학습과 논리적 흐름을 통한 '보이는 화학'이 가능해지는 것입니다.

동위원소

원자핵은 양성자와 중성자로 구성되어 있습니다. 일반적으로 원자핵에는 원자번호와 같은 수의 양성자와 비슷한 수의 중성자가 들어 있지만, 실제 자연계에서는 중성자 수가 다른 원자들도 흔히 존재합니다.

이처럼 양성자 수는 같지만 중성자 수가 다른 원자들을 동위원소라고 부릅니다. 양성자 수가 같으면 동일한 원소로 분류되며, 화학적 성질도 동일합니다. 하지만 중성자 수가 달라지면 질량이 달라지므로, 구분을 위해 동위원소라는 이름을 붙입니다.

● 수소의 세 가지 동위원소

수소는 양성자 1개로 이루어진 가장 단순한 원소입니다. 하지만 수소에도 서로 다른 중성자 수를 가진 동위원소가 존재합니다.

^{1}H (경수소): 양성자 1개, 중성자 0개

^{2}H (중수소): 양성자 1개, 중성자 1개

^{3}H (삼중수소, 트리튬): 양성자 1개, 중성자 2개 — 방사성 원소

● 중수소: 원자로 감속재

중수소(^{2}H)는 빠른 중성자를 효과적으로 감속시켜 원자로의 감속재로 사용됩니다. 중수소가 들어간 물은 중수(D_2O)라 부르며, 이를 사용하는 원자로를 중수로라고 합니다.

중수로는 천연 우라늄을 연료로 사용할 수 있고 연료 효율이 높지만, 건설비가 비싸고 설계 및 운영 경험이 경수로보다 적은 단점도 있습니다. 현재 세계 대부분의 원전은 경수(H_2O)를 사용하는 경수로입니다.

● 삼중수소: 핵융합 연료

삼중수소(^3H)는 방사성 동위원소로, 중수소와 함께 핵융합 반응에 사용됩니다. 대표적인 핵융합 반응식은 다음과 같습니다:

$^3H + {}^2H \rightarrow {}^4He + 중성자 + 에너지$

이 반응은 태양 내부에서 실제로 일어나는 반응이며, 인류는 이를 지구에서 청정에너지로 실현하기 위해 연구 중입니다. 삼중수소는 이러한 핵융합 에너지의 핵심 연료로 주목받고 있습니다.

● 삼중수소의 자연 발생과 원전 배출

삼중수소는 자연적으로도 생성됩니다. 주로 우주선이 대기 중 질소와 반응할 때 발생하며, 우리나라 기준으로 연간 약 150~280g이 자연에서 생겨납니다.

삼중수소는 빗물에 섞여 하천, 지하수, 바다로 퍼집니다. 한편, 중수로를 사용하는 원자로에서도 삼중수소가 만들어집니다. 예를 들어, 월성 원전에서는 연간 약 1.4g의 삼중수소가 생성되며, 이는 자연 발생량의 약 1/100 수준입니다. 비록 양은 적지만 방사성 물질이므로 의미 있는 수치로 관리가 필요합니다.

● 방사능 단위와 환경 내 농도

방사능의 단위는 붕괴 횟수를 의미하며, 1초에 1번 붕괴하면 1 Bq(베크렐)이라고 합니다. 주로 사용하는 단위는 TBq(테라베크렐, 1조 Bq)입니다.

우리나라 자연 환경의 삼중수소 농도:

빗물: 리터당 154~200 Bq

지하수: 리터당 0.45~0.71 Bq

해수: 리터당 4.22~66.9 Bq

이는 삼중수소의 반감기(12.32년)와 지속적인 자연 생성에 의한 것입니다.

● **후쿠시마 오염수와 삼중수소 배출 비교**

후쿠시마 원전 오염수에서 계획된 삼중수소 배출량은 연간 약 22 TBq입니다. 비교하자면 중국 원전 전체 삼중수소 배출량은 연간 약 1,000 TBq (공기와 서해로), 한국 고리 원전은 연간 49 TBq (동해로), 한국 월성 원전은 연간 136 TBq (공기 및 바다로)를 배출합니다. 즉, 후쿠시마 원전에서 배출 예정인 삼중수소량은 한국이나 중국 내 원전의 배출량보다 훨씬 작습니다. 게다가 삼중수소는 기체가 아닌 물 분자 상태로 존재하며 생물 농축이 거의 없고, 생물학적 반감기도 짧습니다. 따라서 충분히 희석해 방류하면 인체나 환경에 미치는 영향은 제한적일 수 있습니다.

동위원소는 같은 원소이지만 질량이 다른 형태이며, 그중 수소의 세 가지 동위원소는 핵에너지 산업의 핵심 자원입니다. 특히 삼중수소는 핵융합 에너지 시대를 여는 열쇠로 주목받고 있으며, 관리만 적절히 이루어진다면 환경에 미치는 영향도 제한적일 수 있습니다. 과학적 정보와 비교 기반을 통해 합리적으로 이해하고 판단하는 자세가 중요합니다.

반감기

반감기란 방사성 원소 또는 불안정한 동위원소가 자연스럽게 붕괴되어 그 양이 절반으로 줄어드는 데 걸리는 시간을 말합니다.

방사성 붕괴는 원자핵이 불안정할 때 자연스럽게 더 안정한 원자핵으로 변하는 현상입니다. 개별 원자 수준에서는 언제 붕괴가 일어날지 예측할 수 없지만, 수많은 원자가 모이면 통계적으로 일정한 속도로 붕괴가 진행되며, 그 결과 우리는 '절반이 남는 시간'이라는 반감기 개념을 도입할 수 있습니다.

반감기는 방사능의 지속 기간, 핵폐기물 관리, 의학적 활용, 고고학적 연대 측정 등 여러 분야에서 중요한 개념으로 사용됩니다.

● 탄소 동위원소와 반감기

탄소는 일반적으로 양성자 6개, 전자 6개를 가지며, 가장 흔한 탄소-12(^{12}C)는 중성자도 6개를 가진 안정한 동위원소입니다(전체 탄소의 약 98.93%). 그 외에도 다음과 같은 동위원소가 존재합니다:

탄소-13(^{13}C)는 중성자 7개, 안정(약 1.11%), 탄소-14(^{14}C)은 중성자 8개, 불안정하고 방사성 물질입니다.

탄소-14는 시간이 지나면 질소-14(N-14)로 붕괴하며, 이때 베타 방사선을 방출합니다. 탄소-14의 반감기는 약 5,730년으로 알려져 있습니다.

● 대기 중 탄소-14는 어떻게 유지될까?

탄소-14는 대기 중 질소가 우주선과 충돌하면서 계속 새로 생성됩니다. 탄소-14는 이산화탄소 형태로 존재하며, 식물의 광합성을 통해 생물체 안으로 들어오게 됩니다.

모든 생물은 살아 있는 동안 대기와 교류하며 탄소-14의 농도를 일정하게 유지합니다. 하지만 생명체가 죽는 순간, 더 이상 새로운 탄소-14가 유입되지 않으므로 그 이후부터 탄소-14는 반감기 법칙에 따라 점점 줄어듭니다.

● 탄소-14 연대 측정법

이 원리를 활용하면 유물이나 화석에서 생명 활동이 언제 멈췄는지, 즉 해당 생명체가 언제 죽었는지를 추정할 수 있습니다. 예를 들어, 탄소-14가 절반만 남아 있다면 약 5,730년 전, 25%가 남아 있다면 약 11,460년 전, 12.5%가 남아 있다면 약 17,190년 전에 죽은 생명체에서 나온 탄소로 판단할 수 있습니다.

이처럼 남아 있는 탄소-14의 양과 대기 중 기준 농도를 비교하면, 그 생명체가 언제 죽었는지, 혹은 물질이 언제 생겼는지를 추정할 수 있습니다. 이 방법을 탄소 연대 측정법 또는 방사성 탄소 연대법이라 하며, 고고학, 지질학, 역사학 등 다양한 분야에서 널리 사용됩니다.

● 실제 활용 사례

1912년 영국에서 발견된 필트다운인은 인간과 유인원의 중간 단계 화석으로 여겨졌지만, 탄소-14 측정 결과 조작된 가짜로 판명되었습니다. 빈센트 반 고흐의 그림 일부는 탄소-14 분석을 통해 진품 여부가 밝혀졌습니다. 예수의 시신을 감쌌다고 전해지던 '토리노의 수의'는 탄소 연대 측정 결과 1260년~1390년 사이의 직물임이 밝혀져, 해당 주장의 신빙성에 의문을 제기하게 만들었습니다.

5. 화학결합

화학결합은 두 개 이상의 원자가 서로 결합하여 더 안정된 상태를 이루는 현상을 말합니다. 원자들은 단독으로 존재할 때보다 결합을 통해 에너지가 낮아지고 더 안정되기 때문에, 자연스럽게 결합하려는 성질을 갖습니다. 이러한 결합은 전자를 주고받거나 서로 공유하는 방식으로 이루어지며, 그 방식에 따라 여러 종류로 나뉩니다.

● 왜 화학결합이 일어날까?

원자는 일반적으로 최외각 전자껍질(가장 바깥 껍질)이 가득 찬 상태를 가장 안정한 상태로 여기며, 비활성 기체(18족 원소)의 전자배치를 이상적인 형태로 추구합니다.

전자가 부족한 원자는 다른 원자로부터 전자를 얻으려 하고, 반대로 전자가 많은 원자는 전자를 내어주거나 서로 공유함으로써 안정된 상태를 이루려 합니다. 이처럼 전자의 이동이나 공유로 인해 원자들 사이에 형성되는 힘이 바로 '화학결합'입니다. 결국 모든 화학결합은 에너지를 낮추고 안정된 상태를 이루기 위한 자연스러운 과정이며, 이 때문에 실제 자연계에서는 단독 원자보다 결합된 분자 상태로 존재하는 경우가 훨씬 더 많습니다.

이온 결합

이온 결합은 전자를 잃은 원자(양이온)와 전자를 얻은 원자(음이온) 사이의 정전기적 인력에 의해 형성되는 결합입니다. 일반적으로 금속 원자와 비금속 원자 사이에서 잘 나타나는 결합 방식입니다.

● 이온 결합은 왜 생길까?

모든 원자는 최외각 전자껍질을 채워 비활성 기체처럼 안정된 전자배치를 얻으려는 경향이 있습니다. 금속 원자는 1~2개의 전자를 잃으면 안정해지므로 전자를 내어주고 양이온(+)이 됩니다. 비금속 원자는 전자를 받아야 안정해지므로 전자를 얻어 음이온(-)이 됩니다. 이처럼 서로 반대 전하를 가진 이온들은 강하게 끌어당기게 되며, 이 전기적 인력이 바로 이온 결합의 본질입니다.

● 대표적인 예: 소금(NaCl)

나트륨(Na)은 전자가 11개이므로 전자배치는 $1s^2\ 2s^2\ 2p^6\ 3s^1$가 됩니다. 따라서 나트륨은 최외각 전자 1개를 잃으면 $2s^2\ 2p^6$가 돼 안정한 네온 구조인 Na^+

(양이온)이 되기 쉽습니다.

염소(Cl)는 전자가 17개이므로 전자배치는 $1s^2\ 2s^2\ 2p^6\ 3s^2\ 3p^5$가 됩니다. 따라서 염소는 전자 1개를 얻으면 $3p^6$가 돼 아르곤과 같은 안정 구조인 Cl^- (음이온)이 되기 쉽습니다. 따라서 Na^+와 Cl^-는 정전기력에 의해 결합하여 NaCl(소금)을 형성합니다

● 이온 결합의 특징

결정 구조: 고체 상태에서 양이온과 음이온이 규칙적으로 배열되어 단단하고 잘 부서지는 결정을 이룹니다.

높은 녹는점·끓는점: 강한 전기적 인력으로 인해 많은 에너지가 필요하여 녹는점과 끓는점이 높습니다.

전기 전도성: 고체 상태에서는 이온이 고정되어 있어 전류가 흐르지 않지만, 용융 상태나 수용액 상태에서는 전류가 잘 흐릅니다. 물에 잘 녹음: 물 분자는 극성을 띠고 있어 양이온과 음이온을 분리시키기 쉬워, 이온 결합 물질은 물에 잘 녹습니다.

공유 결합

공유 결합은 두 원자가 전자를 서로 공유하면서 결합하는 방식입니다. 주로

비금속 원자들 사이에서 형성되며, 각 원자가 자신의 전자와 상대의 전자를 함께 사용함으로써 안정된 전자배치(보통 8개)를 이루려는 목적에서 나타납니다.

● 왜 전자를 '공유'할까?

비금속 원자들은 대체로 전자를 더 얻어야 안정된 상태가 됩니다. 하지만 양쪽 모두 전자를 얻으려 하면 전자를 빼앗을 수 없으므로, 서로 전자쌍을 공유함으로써 타협하게 됩니다. 이 방식으로 최외각 껍질을 채운 것처럼 안정된 구조를 가지게 됩니다.

● 대표적인 예: 물(H_2O)과 산소(O_2)

① 수소 분자(H_2)

수소 원자는 전자 1개로 안정이 되려면 전자 1개를 받아들여 헬륨 구조가 돼야 합니다. 따라서 두 수소는 각자 1개씩 전자를 내어 하나의 전자쌍을 공유하고, 서로 헬륨처럼 2개 전자가 있는 안정한 상태가 됩니다.

H + H → 전자 1쌍을 공유 → H-H 결합

② 산소 분자(O_2)

산소 원자는 전자 6로 안정이 되려면 전자 2개를 받아 드려 네온 구조가 돼야 합니다. 따라서 두 산소는 각자 2개씩 전자를 내어 하나의 전자쌍을 공유하고, 서로 네온처럼 8개 전자가 있는 안정한 상태가 됩니다.

O + O → 전자 2쌍을 공유 → O=O (이중 결합)

③ 물(H_2O)

산소는 전자 6개로 전자 2개를 공유해야 하고, 수소는 각각 1개씩 공유가 필요합니다. H-O-H 구조에서 산소는 수소와 각각 전자쌍을 공유해 두 개의 단일 공유 결합 형성합니다.

● 공유 결합의 특징

주로 비금속 원자 사이에서 형성됩니다. 개별 분자(Molecule) 형태로 존재하며, 이온 결합처럼 격자 구조는 아닙니다. 분자 간 인력이 약해 녹는점과 끓는점이 비교적 낮습니다. 전하를 띠는 이온이 없기 때문에, 대부분 수용액에서도 전류가 흐르지 않습니다(예외: 산, 염기처럼 이온화되는 물질).

● 전자쌍의 수에 따른 결합 종류

단일 결합 (1쌍 공유): H-H

이중 결합 (2쌍 공유): O=O

삼중 결합 (3쌍 공유): N≡N

● 극성 공유 결합 vs 비극성 공유 결합

공유 결합에서도 전자를 완전히 반반 나누는 경우와, 한쪽이 전자를 더 강하게 끌어당기는 경우(전기음성도 차이)가 있습니다. 비극성 공유 결합은 전자를 균등하게 공유 (예: H_2, O_2, N_2), 극성 공유 결합은 전자를 비대칭적으로 공유가 돼 분자에 부분적인 전하 분포 발생 (예: H_2O, HF)이 극성 차이는 분자의 구조, 끓는점, 용해도, 수소 결합 형성 가능성 등에 영향을 줍니다.

배위 결합

배위 결합은 공유 결합의 한 형태로, 결합에 사용되는 전자쌍을 한쪽 원자만이 모두 제공하여 형성되는 결합입니다. 일반적인 공유 결합에서는 두 원자가 각각 전자 1개씩을 내어 전자쌍을 만들지만, 배위 결합에서는 한 원자가 전자쌍 전체를 제공하고, 다른 원자는 그 전자를 받아들이기만 하면서 결합이 형성됩니다. 결합이 형성된 이후에는 일반 공유 결합과 구별되지 않으며, 결합의 모양이나 성질도 동일합니다. 다만, 결합이 형성되는 과정에서 어떤 원자가 전자를 제공했는지에 따라 화학적으로 중요한 의미를 가집니다.

● **대표적인 예: 암모늄 이온 (NH_4^+)**

암모니아(NH_3) 분자에서 질소 원자는 수소 원자 3개와 공유 결합을 형성하고, 전자쌍 하나를 추가로 가지고 있는 상태입니다. 이때 H^+(양성자)가 접근하면, H^+는 전자를 가지지 않기 때문에 스스로 결합을 형성할 수 없습니다.

이때 암모니아의 질소가 자신의 전자쌍을 통째로 H^+에게 제공하면서 N-H 결합이 형성되고, 결과적으로 NH_4^+(암모늄 이온)이 만들어집니다. 이때 형성된 N-H 결합이 바로 배위 결합입니다. 그러나 결합이 완성되고 나면, 이 N-H 결합은 일반 공유 결합과 구조적으로나 성질 면에서 구별되지 않으며, 분자의 전체적인 안정성에도 차이가 없습니다.

금속 결합

금속 결합은 금속 원자들 사이에서 형성되는 독특한 결합 방식으로, 다른 화학 결합(이온 결합, 공유 결합)처럼 전자를 특정 원자끼리 주고받거나 공유하는 것이 아니라, 다수의 금속 원자들이 전자를 자유롭게 공유하면서 결합이 유지되는 형태입니다. 이 결합 방식은 고체 금속의 구조와 물리적 성질을 설명하는 핵심 개념입니다.

● 금속 원자의 전자 구조와 결합 방식

금속 원자들은 보통 최외각 전자를 1~2개 갖고 있으며, 이 전자들은 원자핵에 느슨하게 묶여 있어 쉽게 잃고 양이온이 되려는 경향이 있습니다. 하지만 금속 고체 상태에서는 이 전자들이 개별 원자에 국한되지 않고 전체 구조 안에서 자유롭게 이동하게 됩니다.

● 전자 바다 모형

금속 결합을 설명할 때 가장 흔히 사용되는 비유가 바로 '전자 바다 모델'입니다. 금속 양이온들이 규칙적인 격자 구조로 배열되어 있고, 그 사이를 전자들이 바다처럼 자유롭게 떠다니며 전체를 하나로 결합시킵니다. 이 자유롭게 움직이는 전자들은 특정 원자에 속하지 않고, 전체 금속 구조를 통틀어 공유되며, 이들이 금속 원자들을 결합력으로 묶어주는 역할을 합니다.

● **금속 결합의 주요 특징**

높은 전기 전도성: 자유 전자들이 전류를 잘 전달합니다.

우수한 열 전도성: 열에너지도 전자들을 통해 빠르게 이동합니다.

연성(늘어남), 전성(펴짐): 금속 원자들이 밀려도 전체 구조가 쉽게 유지되어 얇게 펴거나 길게 늘일 수 있습니다.

광택: 전자들이 빛을 흡수하고 반사하여 금속 특유의 반짝이는 표면을 만듭니다.

높은 녹는점과 끓는점: 금속 원자 사이의 강한 결합력을 끊기 위해 많은 에너지가 필요합니다. (단, 알칼리 금속은 예외적으로 녹는점이 낮음)

원자가 전자수

원자가 전자수는 원자의 가장 바깥 전자껍질(최외각 껍질)에 있는 전자의 수를 말합니다. 이 전자들은 화학 결합에 직접 참여하며, 해당 원소의 화학적 성질, 반응성, 결합 방식, 분자 구조를 결정하는 데 중요한 역할을 합니다.

● **원자가 전자가 중요한 이유**

모든 원자는 비활성 기체처럼 안정된 전자배치를 이루고자 하는 경향이 있습니다. 일반적으로 최외각에 전자 8개가 채워졌을 때 가장 안정하다고 여기며,

이를 옥텟 규칙이라고 합니다. 하지만 대부분의 원자는 바깥 전자껍질이 완전히 채워져 있지 않기 때문에, 다음과 같은 방식으로 결합하려는 경향이 있습니다:

원자가 전자수가 1~2개 → 전자를 잃고 양이온이 되기 쉬움

원자가 전자수가 6~7개 → 전자를 얻어 음이온이 되기 쉬움

원자가 전자수가 4~5개 → 전자를 공유해 결합하려는 경향

이러한 경향성 때문에, 같은 원자가 전자수를 가진 원소들은 비슷한 화학적 성질을 갖고, 주기율표상에서도 같은 족에 위치합니다.

● 원자가 전자수로 예측할 수 있는 것들

원자가 전자수를 알면 다음과 같은 정보를 예측할 수 있습니다. 해당 원소의 화학 반응성, 어떤 이온 형태로 존재할 가능성이 높은지, 공유 결합을 형성할지, 이온 결합을 할지, 해당 원소가 어떤 족에 속하는지, 결합 시 분자의 구조가 어떻게 될지를 알 수 있습니다.

정리하면, 원자가 전자수는 원자의 화학적 행동을 결정짓는 출발점이며, 화학 반응과 결합을 이해하는 데 있어 가장 기본적이고 중요한 개념입니다. 원자가 전자수만 잘 이해해도, 화학의 큰 흐름을 꿰뚫을 수 있습니다.

루이스 점 기호

루이스 점 기호는 원자의 가장 바깥 전자껍질, 즉 원자가 전자를 점(•)으로 나타내는 표기법입니다. 원소 기호 주위에 점을 찍어, 전자 수와 배치를 직관적으로 표현하는 데 활용됩니다.

● 왜 루이스 점 기호를 사용할까?

화학 결합은 대부분 원자가 전자들 사이에서 일어나는 상호작용을 통해 형성됩니다. 루이스 점 기호는 이러한 원자가 전자들을 직관적으로 표현해 줌으로써, 원자 사이의 결합 가능성, 전자쌍의 이동 또는 공유 방식, 분자의 구조와 형태 등을 쉽게 예측할 수 있게 해줍니다.

● 루이스 점 기호 작성 방법

중심에 원소의 기호를 적습니다. 그 원소의 원자가 전자 수만큼 점을 주위에 표시합니다. 점을 배치할 때는 위-오른쪽-아래-왼쪽(시계 방향 또는 상하좌우)으로 한 개씩 채우고, 남는 점이 있다면 기존에 있는 점과 짝지어 이중 점(전자쌍)으로 만듭니다.

루이스 점 기호는 화학 결합을 이해하고 분자의 구조를 예측하는 데 매우 유용한 도구입니다. 복잡한 이론 없이도 전자의 위치와 움직임을 시각적으로 쉽게 표현할 수 있기 때문에, 기초 화학에서 꼭 알아야 할 개념입니다.

루이스 점 기호 예

6. 물질의 상태

물질의 상태란, 온도와 압력 조건에 따라 물질이 어떤 형태와 성질로 존재하는지를 나타내는 개념입니다. 일반적으로 물질은 고체, 액체, 기체, 플라스마 중 하나의 상태로 존재하며, 입자의 배열과 운동 방식, 그리고 에너지 수준에 따라 다양하게 나타나며, 그 성질도 크게 달라집니다. 또한 상태는 온도나 압력 변화에 따라 서로 전환되기도 합니다.

고체

고체는 모양과 부피가 일정한 상태입니다. 입자들이 규칙적이고 촘촘하게 배열되어 있으며, 강한 인력으로 인해 자유롭게 움직이지 못하고 제자리에서 진동만 합니다. 외부 힘에도 쉽게 형태가 변하지 않는 안정된 구조를 가집니다. 대표적인 예는 얼음, 나무, 돌, 금속, 플라스틱 등을 들 수 있습니다.

액체

액체는 부피는 일정하지만, 모양은 용기에 따라 달라지는 상태입니다. 입자들은 고체보다 느슨하게 배열되어 자유롭게 이동할 수 있으며, 여전히 분자 간 인력이 존재합니다. 흐름성(유동성)이 있으며, 압축에는 거의 반응하지 않습니다. 대표적인 예는 물, 기름, 주스, 우유, 알코올 등이 있습니다.

기체(Gas)

기체는 모양과 부피 모두 일정하지 않은 상태입니다. 입자들은 멀리 떨어져 빠르게 운동하며, 거의 독립적으로 움직입니다. 기체는 압축이 잘 되고, 온도와 압력에 따라 쉽게 부피가 변합니다. 실제로 공기 중에는 기체 분자가 약 0.1%만 존재하고, 나머지 99.9%는 사실상 진공입니다. 바람이 분다는 것은 기체 분자들이 움직이는 현상이며, 진공 자체는 움직이지 않습니다. 대표적인 예는 산소, 이산화탄소, 질소, 헬륨 등이 있습니다.

플라스마

플라스마는 기체에 매우 높은 에너지가 가해져 원자의 전자가 이탈, 이온과 자유 전자가 공존하는 이온화 상태입니다. 전기적으로는 중성이지만, 전기 및 자기장에 민감하게 반응합니다. 고온에서 주로 발생하며, 제4의 물질 상태로 간주됩니다.

태양은 플라스마로 이루어져 있으며, 이 플라스마가 지구 자기장과 상호작용을 해 오로라를 만들기도 합니다. 플라스마는 전기적으로는 중성이지만, 이온과 전자가 자유롭게 움직이므로 전기와 자기장에 민감하게 반응합니다. 태양은 플라스마로 이루어져 있으며, 이 플라스마가 지구 자기장과 상호작용을 해 오로라를 만들기도 합니다. 대표적인 예는 번개, 네온사인, 플라스마 TV, 태양, 핵융합로 등이 있습니다.

7. 화학의 법칙들과 몰(mole)

 화학의 중요한 법칙에는 질량 보존의 법칙, 일정 성분비의 법칙, 배수 비례의 법칙이 있습니다. 질량 보존의 법칙은 화학 반응으로 인해 질량이 변하지 않는다는 법칙으로 일상생활에서도 많이 사용하는 법칙입니다.

 일정 성분비의 법칙과 배수 비례의 법칙은 이해하기는 쉬운데 둘이 혼동되기 쉽습니다. 일정 성분비의 법칙은 물은 산소와 수소가 1 : 2로 일정한 성분비로 되어 있다는 법칙이고, 배수 비례의 법칙은 산소와 수소가 반응해 물을 만들거나 과산화수소수를 만들 때 물은 수소와 산소가 2 : 1 이고 과산화수소는 수소와 산소가 1 : 1 로 물과 과산화수소가 같은 수소량에 대해 산소가 1:2의 정수비를 이룹니다. 즉, 수소의 양이 같을 때 산소가 1배, 2배처럼 정수의 배수로 존재하는 관계입니다.

질량 보존의 법칙

질량 보존의 법칙이란, 닫힌 계에서 물리적 변화나 화학 반응이 일어나더라도 물질의 총 질량은 변하지 않는다는 법칙입니다. 즉, 물질은 생성되거나 사라지지 않고, 단지 그 형태나 상태만 변할 뿐입니다.

예를 들어, 물이 액체에서 고체(얼음) 또는 기체(수증기)로 변해도 질량은 변하지 않는 것처럼, 물질의 상태가 변화해도 질량이 변하지 않습니다. 나무가 타서 재가 되어도, 연소 전 나무의 질량과 연소 후 재의 질량, 발생한 기체의 질량의 합은 같고, 밀폐 용기 안에서 화학 반응이 일어나면, 용기 안의 전체 질량은 변하지 않습니다. 이런 화학 반응이 일어나는 동안에도 원자의 종류와 개수는 변하지 않기 때문에 전체 질량은 항상 일정하게 유지됩니다.

● 화학 반응의 양적 관계 파악

질량 보존의 법칙은 화학 반응에 참여하는 물질들의 질량 관계를 이해하는 데 핵심적인 역할을 합니다. 예를 들어, 반응 전 물질의 질량을 알면 생성물의 질량을 예측할 수 있고, 반대로 생성물의 양을 보고 반응물의 양을 계산할 수도 있습니다.

● 화학식량, 몰, 화학 반응식 이해

질량 보존의 법칙은 화학식량, 몰, 화학 반응식을 이해하는 데 필수적입니다. 화학 반응식은 반응물과 생성물 사이의 질량비와 몰비를 보여주며, 이를 통해 정확한 반응량 계산이 가능해집니다. 하지만 핵반응과 같은 특수한 경우에는 질량 보존의 법칙이 완전히 적용되지 않습니다. 핵반응에서는 극미량의 질량이 에너지로 변환($E=mc^2$)되기 때문에, 반응 전후의 질량에 아주 작은 차이가 생길 수 있습니다.

일정 성분비의 법칙

일정 성분비의 법칙이란, 같은 화합물은 항상 동일한 성분 원소들이 일정한 질량비로 결합되어 있다는 법칙입니다. 즉, 어떤 물질이 '같은 화합물'이라면 그 속의 원소 비율은 언제나 변하지 않습니다.

예를 들면 다음과 같습니다.

물(H_2O)은 항상 수소 2개와 산소 1개로 이루어져 있고, 질량비로는 수소:산소 = 1:8입니다.

이산화탄소(CO_2)는 언제나 탄소 1개와 산소 2개로 구성되며, 탄소:산소의 질량비는 3:8입니다.

염화나트륨(NaCl)은 나트륨과 염소가 1:1로 결합한 화합물이며, 질량비는 약 23:35.5로 일정합니다.

● 화학식 결정에 활용

일정 성분비의 법칙은 화합물을 구성하는 원소들의 질량비를 바탕으로 화학식을 결정하는 데 중요한 기준이 됩니다. 예를 들어 어떤 화합물에 포함된 원소들의 질량비를 알고 있다면, 이를 원자량과 비교해 원자 수 비율을 계산하고 정확한 화학식을 유도할 수 있습니다.

● 화학 반응의 양적 관계 이해

이 법칙은 화학 반응에서 반응물과 생성물 사이의 질량비를 예측하는 데도 사용됩니다. 예를 들어, 물을 합성할 때 필요한 수소와 산소의 질량비를 알면, 어떤 비율로 반응해야 정확히 물이 생성되는지 계산할 수 있습니다.

● 질량 보존의 법칙과 함께 화학량론의 기초

일정 성분비의 법칙은 질량 보존의 법칙과 함께 화학량론의 기반을 이룹니다. 화학량론은 반응물과 생성물 간의 정확한 질량 관계와 몰비를 계산하는 학문으로, 화학 반응을 정량적으로 다루는 데 필수입니다.

● 일정 성분비의 법칙의 한계

이 법칙은 순수한 화합물에만 적용되며, 혼합물에는 적용되지 않습니다. 예를 들어 공기나 소금물은 성분의 비율이 일정하지 않기 때문에 해당되지 않습니다. 또한, 동위 원소의 존재로 인해 이론적인 질량비와 실제 측정된 값 사이에 아주 작은 오차가 발생할 수도 있습니다.

배수 비례의 법칙

배수 비례의 법칙은 두 가지 원소가 서로 결합하여 여러 종류의 화합물을 만들 수 있을 때, 한 원소의 질량을 일정하게 유지하면 다른 원소의 질량은 간단한 정수비로 변한다는 원리입니다. 즉, 같은 원소들이 서로 다른 화합물을 형성할 때, 특정 원소의 질량을 고정했을 때 다른 원소가 결합하는 질량은 일정한 배수 관계를 가진다는 뜻입니다. 이 법칙은 화학식의 구성 원리를 설명하는 핵심 개념 중 하나이며, 원자설을 뒷받침하는 중요한 과학적 증거가 되었습니다.

● 원자설의 기초

이 법칙은 19세기 초 돌턴이 제안한 원자설—모든 물질은 더 이상 쪼갤 수 없는 원자로 이루어져 있다는 이론—을 뒷받침하는 중요한 실험적 근거입니다. 원소들이 정해진 정수비로 결합한다는 사실은, 물질이 불연속적인 원자로 이루어져 있음을 간접적으로 증명해 주었습니다.

● 화학식 결정과 반응량 계산에 활용

배수 비례의 법칙은 화합물의 화학식을 결정하거나, 화학 반응식의 양적 관계를 계산하는 데 활용됩니다. 서로 다른 두 화합물에서 원소 간 질량비를 비교하면, 원자 수 비율을 유도하여 각 화합물의 구조를 이해할 수 있습니다.

● 배수 비례의 법칙의 예

물 (H2O)와 과산화수소 (H2O2)는 모두 수소와 산소로 구성되어 있지만, 산소 1g에 대해 물에 포함된 수소의 질량과 과산화수소에 포함된 수소의 질량은 1:2의 비율을 이룹니다. 즉 산소의 질량이 같을 때 수소는 2배 차이입니다.

이산화탄소 (CO2)와 일산화탄소 (CO)는 동일한 양의 탄소에 결합한 산소의 질량을 비교하면, 이산화탄소에는 산소 원자가 2개, 일산화탄소에는 1개가 결합해 있어 산소 질량비는 2:1입니다.

● 배수 비례의 법칙의 한계

이 법칙은 일반적으로 단순한 이진 화합물(두 원소로 구성된)에 잘 적용됩니다. 하지만 원소가 여러 개 결합된 복잡한 화합물에서는 정수비가 명확하게 드러나지 않는 경우도 많고, 정확한 실험값이 소수로 나올 수도 있습니다.

몰(mole)

몰(mole)은 화학에서 물질의 양을 나타내는 기본 단위입니다.

1몰은 6.02×10^{23}개의 입자(원자, 분자, 이온 등)를 포함하며, 이 숫자를 아보가드로수라고 부릅니다. 이 수는 워낙 크기 때문에, 원자처럼 작고 셀 수 없이 많은 입자들을 다루는 화학에서 매우 유용하게 쓰입니다. 마치 '1다스 = 12개'처럼, '1몰 = 6.02×10^{23}개'라고 생각하면 됩니다.

● 몰의 개념을 쉽게 이해해 보면

탄소-12 원자 12g에는 1몰의 탄소 원자가 들어 있고, 이는 약 6.02×10^{23}개의 원자 수에 해당합니다. 물(H_2O)의 분자량은 18g/mol입니다. 따라서 물 18g에는 약 6.02×10^{23}개의 물 분자가 들어 있습니다. 즉, 물 18g = 1몰의 물 분자입니다.

● 몰의 활용

몰은 다음과 같은 상황에서 필수적인 단위입니다: 화학 반응식의 양적 계산: 반응물과 생성물의 몰 비를 통해 실제 필요한 질량이나 부피를 계산할 수 있습니다. 용액의 농도 표현으로 몰농도(mol/L)는 용액 1리터당 녹아 있는 용질의 몰 수를 나타냅니다. 화학식량 계산으로 물질의 질량과 몰 수 사이의 관계를 이해할 수 있게 해줍니다.

몰은 원자나 분자처럼 작고 보이지 않는 입자들을 정량적으로 다루기 위한 가장 핵심적인 단위로, 화학 반응을 정량적으로 예측하고 계산하는 데 없어서는 안 될 개념입니다.

8. 화학식

화학식은 화학에서 물질의 조성과 구조를 표현하는 기본적인 언어입니다. 원소의 종류와 개수, 결합 방식, 작용기 등을 한눈에 나타낼 수 있어 물질의 특성을 이해하는 데 핵심적인 역할을 합니다. 화학식에는 실험식, 분자식, 구조식, 시성식이 있으며, 목적에 따라 적절한 형태를 사용합니다.

● 화학식을 구하는 기본 조건

화합물에 어떤 원소가 포함되어 있는지 알아야 합니다. 각 원소의 원자량(질량)을 알고 있어야 합니다. 물질의 특성(예: 작용기)을 추정할 수 있어야 합니다. 이 조건이 충족될 때, 간단한 화합물의 분자식이나 화학식을 도출할 수 있습니다. 단, 복잡한 화합물의 경우에는 실험, 분석, 이론적 모델링이 필요합니다.

실험식
||||||||||

실험식은 화합물을 구성하는 원소들의 가장 간단한 정수비를 나타내는 화학식입니다. 물질의 조성을 분석하거나 분자식을 결정할 때, 실험식은 매우 중요한 출발점이 됩니다. 실험식은 실제 분자에 존재하는 원자 개수를 나타내는 분자식과 반드시 일치하지는 않습니다. 예를 들어, 분자식이 $C_6H_{12}O_6$인 포도당의 실험식은 C_2H_4O처럼 가장 단순한 정수비로 표현됩니다.

● 실험식의 특징

질량비를 바탕으로 원소들 사이의 몰수비를 계산해 표현합니다. 가장 간단한 정수비로 원소들을 표시하므로, 분자식보다 간결합니다. 이온 화합물이나 고분자처럼 분자 수를 명확히 알 수 없는 물질의 조성 표현에 적합합니다. 화학 분석 결과로부터 실험식을 유도할 수 있습니다.

● 실험식 계산 방법

1. 화합물의 질량비 또는 조성비(질량 백분율)를 분석한다.
2. 각 원소의 질량을 원자량으로 나누어 몰수를 계산한다.
3. 각 몰수를 가장 작은 몰수로 나누어 정수비로 만든다.
4. 각 원소의 기호와 정수비를 조합해 실험식을 작성한다.

● 산화마그네슘의 실험식 구하기

1. 산화마그네슘을 분리했더니 마그네슘 (Mg)과 산소 (O)의 질량비가 3:2 입니다.

2. Mg의 원자량은 24, O의 원자량은 16이므로, Mg의 몰수: 3/24 = 1/8 mol, O의 몰수: 2/16 = 1/8 mol 이 됩니다.

3. 몰수비가 1:1이므로,

4. 실험식은 MgO입니다.

● 포도당 ($C_6H_{12}O_6$)의 실험식 구하기

1. 포도당에서 탄소 (C), 수소 (H), 산소 (O)의 질량비가 24 : 4 : 16를 구합니다.

2. C의 원자량은 12, H의 원자량은 1, O의 원자량은 16이므로, C의 몰수: 24/12 = 2 mol, H의 몰수: 4/1 = 4 mol, O의 몰수: 16/16 = 1 mol 이 됩니다.

3. 몰수비가 2:4:1이므로,

4. 실험식은 C_2H_4O입니다.

분자식

분자식은 한 분자를 구성하는 원소의 종류와 실제 개수를 나타내는 화학식입니다. 분자식을 통해 우리는 물질의 정확한 조성을 파악할 수 있으며, 분자량 계산, 화학 반응식 작성, 몰 계산 등 다양한 화학적 계산에 활용됩니다.

● 분자식의 특징

분자식은 분자를 구성하는 원소의 종류와 실제 개수를 명확히 표시합니다. 원소 기호와 함께 오른쪽 아래 첨자로 원자 개수를 나타냅니다.

예: H_2O → 수소 2개, 산소 1개

공유 결합 화합물의 조성 표현에 적합합니다. 실험식과 달리 실제 분자의 구조와 조성을 반영합니다. 분자식으로부터 분자량 계산이 가능합니다.

● 분자식 계산 방법

1. 화합물의 질량비 분석을 통해 실험식을 구합니다.
2. 분자량(실험 측정)을 확인합니다.
3. 실험식량과 비교해 정수배(n)를 구하고, 실험식에 n을 곱해 분자식을 결정합니다.

● 물 (H_2O)의 분자식 구하기

1. 물은 수소(H)와 산소(O)로 구성된 공유 결합 화합물입니다. 실험 분석 결

과, 수소와 산소의 질량비가 1:8임을 알 수 있습니다. 이를 통해 실험식은 H_2O임을 알 수 있습니다.

2. 물의 분자량은 18이며, H_2O의 실험식량도 18입니다.

3. 따라서 분자식은 H_2O입니다.

● 과산화수소(H_2O_2)의 분자식 구하기

1. 과산화수소는 수소(H)와 산소(O)로 구성된 공유 결합 화합물입니다. 실험 분석 결과, 수소와 산소의 질량비가 1:16임을 알 수 있습니다. 이를 통해 실험식은 HO임을 알 수 있습니다.

2. 과산화수소의 분자량은 34이며, HO의 실험식량은 17입니다.

3. 분자량은 실험식량의 2배이므로, 분자식은 H_2O_2입니다.

구조식

구조식은 분자를 구성하는 원소의 종류와 실제 개수뿐 아니라, 원자 간의 결합 방식과 배치 구조까지 보여주는 화학식입니다. 단순한 분자식이 '무엇으로 이루어졌는지'를 알려준다면, 구조식은 그 분자가 '어떻게 연결되어 있는지'를 시각적으로 표현합니다.

● 구조식이 중요한 이유

분자의 결합 구조를 통해 분자의 성질, 반응성, 극성 등을 이해할 수 있습니다. 입체 구조까지는 완전히 표현할 수 없지만, 결합 방향과 형태를 파악하는 데 매우 유용합니다. 구조식은 화학 반응식 작성, 작용기 구분, 이성질체 판별 등에 필수적으로 사용됩니다.

● Lewis 구조식

각 원자의 원자가 전자를 점(dot)으로 표시하고, 공유 전자쌍을 선 또는 점으로 나타냅니다. 공유 결합뿐 아니라 비공유 전자쌍도 표현되어, 전자 배치를 직관적으로 확인할 수 있습니다.

물(H_2O): 산소는 비공유 전자쌍 2쌍 + 수소와 공유 전자쌍 2쌍 → 최외각 전자 8개로 안정

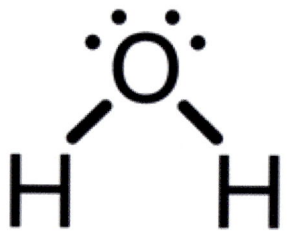

이산화탄소(CO_2): 탄소는 산소와 이중결합 2개 → 산소와 탄소 모두 안정한 전자배치

● Kekulé 구조식

전자쌍을 점 대신 선(—, =, ≡) 으로 나타내는 방식입니다.

단일 결합: 에탄(C_2H_6): CH_3-CH_3

이중 결합: 에틸렌(C_2H_4): $CH_2=CH_2$

삼중 결합: 아세틸렌(C_2H_2): $CH\equiv CH$

● 축약 구조식

탄소와 수소를 간단히 나열해 표현하며, 반복되는 구조를 괄호로 묶기도 합니다.

에탄: CH_3CH_3

프로판: $CH_3CH_2CH_3$

부탄올: $CH_3CH_2CH_2CH_2OH$

● 골격 구조식

탄소(C)와 수소(H)는 생략하고, 결합선과 작용기만을 표현합니다. 유기 화합물의 구조를 간단하고 명확하게 표현할 수 있으며, 전문 분야에서 자주 사용됩니다.

에탄올(C_2H_5OH): 선 구조 끝에 OH

아세트산(CH_3COOH): $CH_3-C(=O)-OH$

● 이소프로필 알코올(Isopropyl Alcohol, IPA)의 구조식

반도체 공정에서 불순물을 제거할 때 사용하는 이소프로필 알코올(Isopropyl alcohol, IPA)은 화학식 C_3H_8O로 프로필 알코올과 동일합니다. 차이점은 하이드록실기(-OH)의 결합 위치입니다:

프로필 알코올: OH가 끝 탄소에 결합 → 1-프로판올

이소프로필 알코올(IPA): OH가 가운데 탄소에 결합 → 2-프로판올

두 물질은 구조식으로만 구분 가능하며, 성질도 다르기 때문에 공정상 명확히 구별해야 합니다.

시성식

시성식은 분자의 특정 작용기를 강조하여, 그 분자의 성질과 반응성을 나타내는 화학식입니다. 이를 통해 우리는 분자 내에 어떤 작용기가 포함되어 있는지, 또 그 수가 몇 개인지를 쉽게 파악할 수 있습니다. 시성식은 특히 유기 화합물의 반응성을 예측하고 설명하는 데 매우 유용하며, 유기 화학에서 핵심적인 도구로 활용됩니다. 시성식을 정확히 이해하고 사용할 수 있어야, 작용기 중심으로 일어나는 다양한 유기 반응을 설명하고 분석할 수 있습니다. 따라서 시성식은 유기 화학 학습의 기본이자 핵심입니다.

여기서는 시성식의 개념과 함께 주요 작용기의 종류를 간단히 소개하겠습

니다:

- 알코올 (Alcohol): 하이드록시기 (-OH) 를 포함하는 화합물
- 카르복시산 (Carboxylic acid): 카르복실기 (-COOH) 를 포함하는 화합물
- 알데히드 (Aldehyde): 알데히드기 (-CHO) 를 포함하는 화합물
- 케톤 (Ketone): 케톤기 (-CO-) 를 포함하는 화합물
- 아민 (Amine): 아미노기 ($-NH_2$) 를 포함하는 화합물
- 벤젠 (Benzene): 벤젠 고리 (C_6H_6) 를 가지는 방향족 화합물
- 시클로헥산 (Cyclohexane): 6개의 탄소가 고리 형태로 연결된 구조의 화합물

이러한 작용기를 중심으로 시성식을 살펴보면, 유기 분자의 반응성, 특성, 구조를 더욱 명확히 이해할 수 있습니다. 유기화학에서는 이후 이 시성식들을 바탕으로 다양한 반응 메커니즘과 구조 이성질성 등을 배우게 됩니다.

9. 주기율표에서 알 수 있는 원소의 화학적 성질

주기율표는 원소들을 원자 번호 순서대로 배열하고, 화학적 성질이 비슷한 원소들을 같은 족(세로줄)에 모아 만든 표입니다. 이 표를 통해 각 원소의 상대적인 전기음성도, 이온화 에너지, 원자 반지름 등의 성질을 비교할 수 있습니다. 또한, 원소가 금속인지, 비금속인지, 또는 준금속인지도 구분할 수 있습니다.

전기 음성도

전기 음성도는 원자가 공유 결합을 할 때 전자를 끌어당기는 능력을 나타내는 척도입니다. 전기 음성도가 클수록 전자를 더 강하게 끌어당깁니다. 일반적으로 주기율표에서 오른쪽 위로 갈수록 전기 음성도는 증가하는 경향이 있습니다.

● **주기율표와 전기 음성도의 관계**

전기 음성도는 주기율표에서 규칙적인 변화(주기성)를 보입니다. 같은 주기(가로줄)에서는 원자 번호가 증가할수록 전기 음성도가 증가합니다. 같은 족(세로줄)에서는 원자 번호가 증가할수록 전기 음성도는 감소하는 경향이 있습니다. 전기 음성도가 큰 원소는 반응성이 크고, 작은 원소는 반응성이 낮은 특징이 있습니다.

● **전기 음성도의 중요성**

전기 음성도는 공유 결합의 극성을 판단하는 데 중요한 역할을 합니다. 두 원소 사이의 전기 음성도 차이가 크면 극성 공유 결합을 형성합니다. 차이가 작으면 비극성 공유 결합을 형성합니다. 또한, 전기 음성도를 통해 화학 반응의 방향과 생성물의 특성을 예측할 수 있습니다. 전기 음성도가 큰 원소는 전자를 얻으려는 성질이 강하고, 전기 음성도가 작은 원소는 전자를 잃으려는 성질이 강합니다.

이온화 에너지

이온화 에너지는 기체 상태의 원자 또는 이온에서 전자 1개를 떼어내어 1가 양이온으로 만드는 데 필요한 최소한의 에너지를 말합니다. 이온화 에너지가 작을수록 전자를 떼어내기 쉽고, 클수록 전자를 떼어내기 어렵습니다.

● 이온화 에너지에 영향을 미치는 요인

원자핵의 양전하(+)와 전자의 음전하(-) 사이의 인력이 강할수록, 전자를 떼어내기 어려워 이온화 에너지가 커집니다. 전자껍질 수가 많아질수록, 최외각 전자가 원자핵에서 멀어지면서 인력이 약해지고, 이온화 에너지는 작아집니다. 또한, 안쪽 전자들이 원자핵의 영향을 가려서 최외각 전자가 느끼는 핵의 인력을 약화시키는데, 이를 가림(shielding effect) 효과라고 합니다. 가림 효과가 클수록 이온화 에너지는 작아집니다.

● 이온화 에너지의 주기성

같은 주기(가로줄)에서는 원자 번호가 증가할수록 이온화 에너지가 증가하는 경향을 보입니다. 이는 원자핵의 양전하가 증가하여 전자와의 인력이 강해지기 때문입니다. 같은 족(세로줄)에서는 원자 번호가 증가할수록 이온화 에너지가 감소하는 경향을 보입니다. 이는 전자껍질 수가 많아지고 가림 효과가 커지면서 핵과 최외각 전자의 인력이 약해지기 때문입니다.

원자 반지름

원자 반지름은 원자의 크기를 나타내는 척도로, 주기율표에서 일정한 경향성을 보입니다. 이 값은 핵의 전하, 전자껍질의 수, 가림 효과 등 여러 요인의 영향을 받습니다.

원자 반지름이 클수록, 전자를 잃고 양이온이 되기 쉽고, 작을수록, 전자를 얻어 음이온이 되기 쉽습니다. 또한 원자 반지름은 분자의 구조와 성질을 예측하는 데에도 중요한 역할을 합니다. 보통 핵에서 최외각 전자껍질까지의 거리를 의미하며, 옹스트롬(Å) 또는 피코미터(pm) 단위로 측정됩니다.

● 원자 반지름에 영향을 미치는 요인

핵전하가 클수록, 전자와의 인력이 강해져 전자가 핵 가까이 끌려가며 원자 반지름은 작아집니다. 전자껍질 수가 많을수록, 전자가 핵에서 멀어지며 원자 반지름은 커집니다. 가림 효과가 클수록(안쪽 전자들이 핵의 인력을 가리기 때문에), 최외각 전자가 느끼는 인력은 약해지고 원자 반지름은 커집니다.

● 주기율표와 원자 반지름의 관계

같은 주기(가로줄)에서는 원자 번호가 증가할수록 원자 반지름이 감소합니다. 이는 핵전하가 증가해 전자를 더 강하게 끌어당기기 때문입니다. 같은 족(세로줄)에서는 원자 번호가 증가할수록 원자 반지름이 증가합니다. 이는 전자껍질 수가 늘고 가림 효과가 커져 핵과 전자의 인력이 약해지기 때문입니다.

주기율표와 금속, 비금속, 준금속의 관계

주기율표는 금속, 비금속, 준금속 원소로 구분할 수 있으며, 금속은 주기율표의 왼쪽, 비금속은 오른쪽, 준금속은 금속과 비금속의 경계에 주로 위치합니다. 주기율표에서 이들의 위치를 보면 각 원소의 성질(금속성, 비금속성, 준금속성)을 어느 정도 예측할 수 있습니다. 이러한 구분을 이해하면 원소의 화학적 성질과 반응 경향을 보다 정확하게 파악할 수 있습니다.

- 금속

금속은 광택이 있고 전기와 열을 잘 전달하는 물질입니다. 힘을 가하면 늘어나는 성질(연성)과 얇게 퍼지는 성질(전성)을 가지고 있습니다. 화학 반응 시 전자를 잃고 양이온이 되려는 경향이 있습니다. 대표적인 금속으로 철(Fe), 구리(Cu), 금(Au), 은(Ag), 알루미늄(Al) 등이 있습니다.

- 비금속

비금속은 광택이 없고 전기와 열을 잘 전달하지 못하는 물질입니다. 표면이 반짝이지 않으며, 전기를 거의 통하지 않고, 열 전도성도 낮습니다. 화학 반응 시 전자를 얻어 음이온이 되려는 경향이 있습니다. 대표적인 비금속으로 산소(O), 질소(N), 탄소(C), 황(S), 염소(Cl) 등이 있습니다.

● 준금속

준금속은 금속과 비금속의 중간 성질을 가진 원소입니다. 특정 조건에서만 전기를 통하는 반도체 성질이 있으며, 금속처럼 광택이 있지만, 비금속처럼 전기 전도성이 낮은 경우도 많습니다. 금속과 비금속 모두와 반응할 수 있는 특징이 있습니다. 대표적인 준금속으로 규소(Si), 저마늄(Ge), 비소(As), 텔루륨(Te) 등이 있습니다.

10. 화학 결합 에너지

화학 결합 에너지는 분자를 이루는 원자들 사이의 결합을 끊는 데 필요한 에너지를 말합니다. 즉, 분자 내 원자들이 얼마나 단단하게 결합되어 있는지를 나타내는 지표입니다.

이 에너지는 결합의 종류에 따라 구분되며, 이온 결합 에너지, 공유 결합 에너지, 금속 결합 에너지 등으로 나뉩니다. 이를 통해 분자의 결합 강도와 물리적·화학적 성질을 이해할 수 있습니다. 또한, 화학 반응에서 반응물과 생성물의 결합 에너지 차이를 비교함으로써 해당 반응의 엔탈피 변화(ΔH)를 계산할 수 있어, 반응이 흡열반응인지 방출반응인지 판단하는 데에도 활용됩니다.

이온 결합 에너지

이온 결합 에너지는 기체 상태의 이온들이 결합하여 1몰의 이온 화합물을 만들 때 방출되는 에너지입니다. 또는, 1몰의 이온 화합물을 기체 상태의 이온으로 분리하는 데 필요한 에너지로도 정의할 수 있습니다.

이온의 전하량이 클수록 이온 간 정전기적 인력이 강해져 이온 결합 에너지가 커집니다. 이온의 크기가 작을수록 이온 사이의 거리가 짧아져 인력이 강해지고, 결합 에너지가 커집니다. 이온 결합 에너지가 클수록, 이온 화합물의 녹는점과 끓는점은 높아지고, 용해도는 낮아지는 경향이 있습니다.

이온 화합물	이온 결합 에너지 (kJ/mol)
NaCl	787
MgO	3791
LiF	1030

위 표에서 볼 수 있듯이, MgO는 NaCl보다 이온 결합 에너지가 훨씬 큽니다. 이는 Mg^{2+} 이온과 O^{2-} 이온의 전하량이 Na^+ 이온과 Cl^- 이온의 전하량보다 크기 때문입니다.

공유 결합 에너지

공유 결합 에너지는 기체 상태의 분자 1몰에서 특정 공유 결합을 끊어 원자 상태로 만드는 데 필요한 에너지입니다.

원자핵 간 거리가 가까울수록, 인력이 강해져 결합 에너지가 커집니다. 공유 전자쌍 수가 많을수록 결합이 강해져 결합 에너지가 증가합니다. 전기 음성도 차이가 클수록 결합에 극성이 생기고, 결합 에너지가 커지는 경향이 있습니다.

결합	결합 에너지 (kJ/mol)
H-H	436
C-C	347
C=C	614
C≡C	839
C-O	358
C=O	745

위 표에서 볼 수 있듯이, 이중 결합(C=C)과 삼중 결합(C≡C)은 단일 결합(C-C)보다 결합 에너지가 크며, 더 강한 결합임을 알 수 있습니다.

금속 결합 에너지

금속 결합 에너지는 금속 결정 1몰에서 금속 원자 간 결합을 모두 끊어 기체 상태의 원자로 만드는 데 필요한 에너지입니다. 원자가 전자 수가 많을수록, 더 많은 전자가 결합에 참여하므로 결합 에너지가 커집니다. 자유 전자와 원자핵 간의 인력이 강할수록, 금속 이온의 크기가 작을수록 거리도 짧아 인력이 커지며, 결합 에너지는 증가합니다. 결합 에너지가 클수록 금속의 녹는점, 끓는점, 경도가 모두 높아지는 경향이 있습니다.

금속	금속 결합 에너지 (kJ/mol)
Na	108
Mg	148
Al	324
Fe	406
Cu	337
C=O	745

표를 보면 Al, Fe, Cu는 Na, Mg보다 결합 에너지가 훨씬 큽니다. 이는 이들 금속이 더 많은 원자가 전자를 가지고 있어 결합에 더 많이 참여하기 때문입니다.

11. 분자 간의 힘

분자 간의 힘은 분자들 사이에서 작용하는 인력 또는 척력으로, 분자의 물리적 성질(끓는점, 녹는점, 용해도 등)에 큰 영향을 미칩니다. 분자 내의 힘(공유 결합, 이온 결합 등)보다 훨씬 약하며, 다양한 종류가 있습니다.

반데르발스 힘

반데르발스 힘은 전기적으로 중성인 분자들 사이에 작용하는 약한 인력입니다. 이 힘은 쌍극자-쌍극자 상호 작용, 쌍극자-유도 쌍극자 상호 작용, 런던 분산력의 세 가지 주요 종류로 나뉩니다.

● 런던 분산력

모든 분자(극성, 무극성 모두) 사이에서 작용하는 가장 약한 힘입니다. 순간적인 전자 분포의 불균형으로 인해 일시적인 쌍극자가 생기고, 이것이 인력을 유발합니다. 분자량이 크거나 표면적이 넓을수록 분산력이 강해지는 경향이 있습니다. 끓는점과 녹는점을 낮추는 주요 요인입니다.

예: 헬륨(He) 원자 사이, 메탄(CH_4) 분자 사이

● 쌍극자-쌍극자 상호 작용

극성 분자들 사이에서 작용하는 힘입니다. 영구적인 쌍극자를 가진 분자들이 서로 인력으로 끌어당깁니다. 런던 분산력보다 강한 힘이며, 끓는점과 녹는점을 높이는 요인 중 하나입니다.

예: 염화수소(HCl), 물(H_2O) 분자 사이의 인력

● 쌍극자-유도 쌍극자 상호 작용

극성 분자와 무극성 분자 사이에서 발생합니다. 극성 분자의 전기장이 무극성 분자의 전자구름을 일시적으로 변형시켜 유도 쌍극자를 만들고, 이로 인해 일시적인 인력이 생깁니다. 분산력보다는 강하지만, 쌍극자-쌍극자보다는 약한 힘입니다.

예: 물(H_2O) 분자와 산소(O_2) 분자 사이의 인력

● 반데르발스 힘 요약

반데르발스 힘은 중성 분자들 사이의 약한 인력입니다. 극성 분자는 내부에 전기적으로 양성과 음성 부분을 가지고 있어 서로 끌어당기는 힘을 가집니

다. 극성 분자와 무극성 분자가 함께 있을 때, 극성 분자가 무극성 분자의 전자구름을 순간적으로 왜곡시켜 유도 쌍극자를 만들고, 이로 인해 인력이 생깁니다.

극성이 없더라도, 모든 분자는 순간적인 전자 분포의 불균형으로 인해 시적인 전기 인력(런던 분산력)을 가질 수 있습니다. 이처럼, 분자의 전기적인 특성으로 인해 서로 끌어당기는 힘을 통틀어 반데르발스 힘이라고 합니다.

수소 결합

수소 결합은 전기음성도가 큰 원자(O, N, F)에 결합된 수소 원자와 다른 전기음성도가 큰 원자 사이에서 형성되는 매우 강한 쌍극자-쌍극자 상호 작용입니다. O-H, N-H, F-H 결합을 가진 분자 사이에서만 발생합니다. 일반적인 쌍극자-쌍극자 상호 작용보다 훨씬 강한 힘입니다. 끓는점과 녹는점을 매우 높이는 주요 원인입니다. DNA, 단백질 같은 생체 분자의 구조와 기능을 유지하는 데 매우 중요합니다.

예:

물(H_2O) 분자 사이의 인력, 암모니아(NH_3) 분자 사이의 인력

이온-쌍극자 상호 작용

이온-쌍극자 상호 작용은 이온과 극성 분자 사이의 정전기적 인력입니다. 이온의 전하와 극성 분자의 쌍극자 모멘트 사이에서 작용합니다. 반데르발스 힘보다 훨씬 강한 힘이며, 이온 화합물이 극성 용매(예: 물)에 용해되는 과정에 중요한 역할을 합니다.

예:

소금(NaCl)이 물에 녹을 때, Na^+와 Cl^- 이온은 물 분자와 강하게 상호 작용하여 수화됩니다.

칼륨 이온(K^+)은 물 분자의 산소 원자와 강하게 결합합니다.

이온-쌍극자 상호 작용은 용해도, 생체 분자의 상호작용 등 다양한 화학·생물학적 현상에서 중요한 역할을 합니다.

이온-유도 쌍극자 상호 작용

이온-유도 쌍극자 상호 작용은 이온과 무극성 분자 사이의 인력입니다. 이온의 전하가 무극성 분자의 전자구름을 일시적으로 변형시켜 유도 쌍극자를 형성하고, 이들 사이에서 인력이 발생합니다. 이온과 무극성 분자가 함께 존재할 때 나타납니다. 이온-쌍극자 상호 작용보다는 약하지만, 반데르발스 힘보다는 강한 힘입니다. 무극성 물질이 극성 용매에 녹는 현상을 설명하는 데 활용됩니다.

예:

아이오딘(I_2)은 무극성 분자지만, 물에 용해됩니다.

→ 물 분자의 쌍극자에 의해 유도 쌍극자가 형성되어 인력이 생기기 때문입니다.

벤젠(C_6H_6)은 무극성 분자지만, 칼륨 이온(K^+)과 상호 작용할 수 있습니다.

→ 칼륨 이온이 벤젠의 전자구름을 변형시켜 유도 쌍극자를 만들고, 인력이 발생합니다.

12. 화학 반응식의 작성

화학 반응식은 화학 반응을 간결하고 명확하게 표현하는 방법입니다. 반응에 참여하는 물질(반응물)과 그 결과로 생성되는 물질(생성물)의 화학식과 반응 조건을 기호와 함께 사용해 나타냅니다.

화학 반응식의 구성 요소

1. 반응물은 반응에 참여하는 물질로, 화살표 왼쪽에 표시합니다.
2. 생성물은 반응 결과로 생성되는 물질로, 화살표 오른쪽에 표시합니다.
3. 화살표 (→)는 반응의 진행 방향을 나타냅니다.
4. 계수는 화학식 앞에 쓰여 반응에 참여하는 분자 또는 원자의 수를 나타냅니다.
5. 상태 표시는 물질의 상태를 나타내는 기호로, (s)는 고체, (l)는 액체, (g)

는 기체, (aq)는 수용액 상태를 의미합니다.

화학 반응식 작성 규칙

1. 정확한 화학식을 반응물과 생성물에 사용합니다.
2. 반응물과 생성물 사이에 화살표(→)를 넣습니다.
3. 반응 전후에 원자의 종류와 수가 같도록 계수를 조정합니다.
4. 필요시, 물질의 상태를 화학식 뒤 괄호 안에 표기합니다

메탄 연소 반응을 화학 반응식으로 작성하기

1단계: 화학식 작성

$CH_4 + O_2 \rightarrow CO_2 + H_2O$

2단계: 계수 조정

C: CH_4와 CO_2 각각 1개 → 탄소 균형 O

H: CH_4에 H 4개, H_2O에 H 2개 → H_2O 앞에 계수 2

→ $CH_4 + O_2 \rightarrow CO_2 + 2H_2O$

O: CO_2에 O 2개 + H_2O 2개에 O 2개 → 총 O 4개 필요 → O_2 앞에 계수 2

→ $CH_4 + 2O_2 → CO_2 + 2H_2O$

3단계: 상태 기호 추가

→ $CH_4(g) + 2O_2(g) → CO_2(g) + 2H_2O(l)$

  (g) + $2H_2O(l)$

알짜 이온 반응식

알짜 이온 반응식은 수용액 반응에서 실제로 반응에 참여하는 이온만을 나타낸 반응식입니다. 불필요한 구경꾼 이온은 제외하고, 반응의 핵심 메커니즘을 파악하는 데 도움이 됩니다.

● 작성 시 주의 사항

수용액 상태의 이온성 화합물만 이온으로 분리합니다.

강산/강염기: 수용액에서 100% 이온화 → 이온 형태로 표기

약산/약염기: 부분 이온화 → 분자 형태로 표기

불용성염: 이온화 X → 분자 형태로 유지

● 예시: 염산과 수산화나트륨의 중화 반응

분자 반응식:

$HCl(aq) + NaOH(aq) \rightarrow NaCl(aq) + H_2O(l)$

전체 이온 반응식:

$H^+(aq) + Cl^-(aq) + Na^+(aq) + OH^-(aq) \rightarrow Na^+(aq) + Cl^-(aq) + H_2O(l)$

알짜 이온 반응식:

Na^+와 Cl^-는 양쪽에 그대로 있으므로 제거 → $H^+(aq) + OH^-(aq) \rightarrow H_2O(l)$

13. 화학반응

화학 반응은 기존의 화학 결합이 끊어지고 새로운 결합이 형성되면서 물질의 성질이 변화하는 현상입니다. 즉, 반응물이라 불리는 한 종류 이상의 물질이 원자의 재배열을 통해 성질이 전혀 다른 새로운 물질(생성물)로 바뀌는 과정을 말합니다.

● 화학 반응의 주요 특징

반응 전후 화학적 조성이 달라집니다. 원자의 수는 변하지 않으며, 배열만 바뀝니다. 항상 에너지의 변화를 동반합니다. 열, 빛, 전기 등 다양한 형태로 에너지가 주고받아집니다. 화학 반응은 화학 반응식으로 표현되며, 반응물, 생성물, 화살표, 계수, 상태 기호 등이 포함됩니다.

● 화학 반응의 종류

(1) 발열 반응

반응이 열을 방출하는 반응입니다.

메탄 연소 반응 : $CH_4 + 2O_2 \rightarrow CO_2 + 2H_2O + 열$

(2) 흡열 반응

반응이 열을 흡수해야 진행되는 반응입니다.

질소와 산소의 반응 : $N_2 + O_2 \rightarrow 2NO\ (\Delta H > 0)$

(3) 균일 반응

반응물과 생성물이 같은 상태(기체, 액체, 고체)에 존재하는 반응

기체 상태의 수소와 산소 반응 : $2H_2(g) + O_2(g) \rightarrow 2H_2O(g)$

(4) 불균일 반응

반응물과 생성물이 서로 다른 상태일 때의 반응

아연과 염산의 반응 : $Zn(s) + 2HCl(aq) \rightarrow ZnCl_2(aq) + H_2(g)$

(5) 산화-환원 반응

전자 이동을 수반하는 반응으로 산화는 전자를 잃는 반응, 환원은 전자를 얻는 반응

철이 녹스는 반응 : $4Fe + 3O_2 + 6H_2O \rightarrow 4Fe(OH)_3$ (Fe는 산화됨)

(6) 산-염기 반응 (중화 반응)

산과 염기가 반응하여 염과 물을 생성

HCl + NaOH → NaCl + H$_2$O : 염(NaCl)과 물이 생성

(7) 촉매 반응

촉매에 의해 반응 속도가 빨라지는 반응

니켈 촉매를 이용한 수소 첨가 반응 : 불포화 결합(C=C, C≡C)에 수소(H$_2$)를 첨가해 단일 결합으로 전환, 니켈(Ni)은 반응의 활성화 에너지를 낮춰 반응을 빠르게 진행시킴

(8) 가역 반응과 비가역 반응

가역 반응: 양방향으로 진행 가능

H$_2$ + I$_2$ ⇌ 2HI : 열을 흡수하면 오른쪽, 방출하면 왼쪽으로 진행

비가역 반응: 한 방향으로만 진행

연소 반응 : CH$_4$ + 2O$_2$ → CO$_2$ + 2H$_2$O

(9) 첨가 반응

불포화 결합(C=C, C≡C)을 가진 분자에 다른 원자나 분자가 결합하여 단일 결합을 형성하는 반응

C$_2$H$_4$ + Br$_2$ → C$_2$H$_4$Br$_2$: 에틸렌(C$_2$H$_4$)의 이중 결합이 브롬과 반응해 단일 결합으로 전환됨

14. 산화-환원 반응

산화-환원 반응은 전자의 이동을 통해 일어나는 화학 반응으로, 물질의 성질 변화와 에너지 발생을 동반합니다. 산화는 원자, 이온, 분자가 전자를 잃는 과정이고, 환원은 원자, 이온, 분자가 전자를 얻는 과정입니다. 산화와 환원은 항상 쌍으로 동시에 일어납니다. 전자를 잃은 물질은 산화되며, 환원제 역할을 하고, 전자를 얻은 물질은 환원되며, 산화제 역할을 합니다.

산화-환원 반응의 중요성

산화-환원 반응은 우리 주변에서 끊임없이 일어나는 매우 중요한 화학 반응으로, 다음과 같은 다양한 분야에 영향을 줍니다.

- 에너지 생산

연소 반응: 나무, 석탄, 석유 등이 산소와 반응하여 열과 빛을 발생

배터리 작동: 화학 에너지를 전기 에너지로 전환

● 물질 합성

금속 제련, 화학 공업 등에서 산화-환원 반응을 이용해 원료를 처리하거나 새로운 물질을 생산

● 생명 현상

호흡: 산소를 이용해 에너지를 만드는 과정

광합성: 식물이 이산화탄소와 물을 이용해 유기물을 만드는 과정

소화: 음식물이 분해되고 에너지가 생성되는 과정

● 환경 문제

금속의 부식: 철이 녹슬거나 은이 변색됨

식품의 갈변: 사과나 바나나가 갈색으로 변하는 현상

산성비: 대기 중 산화-환원 반응으로 생긴 산성 물질이 비와 함께 내림

오존층 파괴: 프레온 가스 등이 산화-환원 반응을 일으켜 오존을 분해

● 생활 속 예시

사진 현상: 은 화합물이 빛에 반응해 이미지로 남음

배터리 사용: 휴대폰, 전기차 등의 에너지 공급

건강 관리: 활성 산소와 이를 억제하는 항산화제도 산화-환원 반응의 일환

산화-환원 반응은 물질의 변화뿐만 아니라 에너지의 흐름을 이해하는 데도 핵심적인 역할을 합니다. 우리 삶과 환경, 생명 유지까지 포함하는 매우 광범위

하고 중요한 개념입니다.

산화수

산화수란 원자가 공유 결합에 참여할 때, 전자를 완전히 잃거나 얻었다고 가정했을 때의 가상의 전하를 의미합니다. 실제로는 전자를 완전히 주고받지 않더라도, 전자 이동을 추적하기 위해 이론적으로 설정한 개념입니다. 산화수는 산화-환원 반응에서 어떤 원자가 산화(전자 잃음)되었고, 어떤 원자가 환원(전자 얻음)되었는지를 판단하는 데 중요한 도구입니다.

● 산화수 결정 규칙

1. 단원자 이온은 이온의 전하수와 같습니다. (예: Na^+의 산화수: +1, Cl^-의 산화수: -1)

2. 중성 분자는 분자 내 모든 원자의 산화수 합은 0입니다.

3. 다원자 이온은 이온 내 모든 원자의 산화수 합은 이온의 전하수와 같습니다.

4. 홑원소 물질을 구성하는 원자의 산화수는 0입니다. (예: O_2, Fe의 산화수: 0)

5. 플루오린 (F): 화합물 내에서 항상 -1의 산화수를 갖습니다.

6. 수소 (H): 보통 +1의 산화수를 갖지만, 금속 수소화물 (NaH, CaH$_2$ 등)에서는 -1의 산화수를 갖습니다.

7. 산소 (O): 보통 -2의 산화수를 갖지만, 과산화물 (H$_2$O$_2$, Na$_2$O$_2$ 등)에서는 -1, OF$_2$에서는 +2의 산화수를 갖습니다.

8. 알칼리 금속 (Li, Na, K 등): 화합물 내에서 항상 +1의 산화수를 갖습니다.
- 알칼리 토금속 (Mg, Ca, Sr 등): 화합물 내에서 항상 +2의 산화수를 갖습니다.

● 산화수 계산

1) 물 (H$_2$O)의 수소 (H)는 +1의 산화수를 가지므로, 2개의 수소 원자는 +2의 전하를 갖습니다. 따라서 산소 (O)는 -2의 산화수를 가져야 분자 전체 전하가 0이 됩니다.

2) 이산화탄소 (CO$_2$) 산소 (O)는 -2의 산화수를 가지므로, 2개의 산소 원자는 -4의 전하를 갖습니다. 따라서 탄소 (C)는 +4의 산화수를 가져야 분자 전체 전하가 0이 됩니다.

3) 황산 이온 (SO$_4^{2-}$)의 산소 (O)는 -2의 산화수를 가지므로, 4개의 산소 원자는 -8의 전하를 갖습니다. 따라서 황 (S)는 +6의 산화수를 가져야 이온 전체 전하가 -2가 됩니다.

● 산화수의 활용

산화수는 단순 계산을 넘어서, 화학 반응의 방향과 전자 이동 경로를 추적하는 데 활용됩니다.

▶ 산화-환원 반응을 분석합니다.

산화수가 증가한 것은 전자를 잃었다는 것이므로 산화이고, 산화수가 감소한 것은 전자를 얻었다는 것이므로 환원입니다. 예를 들어 Fe^{2+}가 Fe^{3+}로 되어 산화수가 증가하면 전자 1개를 잃은 것이므로 산화가 된 것이고, Cl_2가 Cl^-로 되어 산화수가 감소하면 전자 1개를 얻은 것이므로 환원이 된 것입니다.

▶ 화학 반응식의 계수 맞추기

반응물과 생성물의 산화수 변화량을 비교하여, 전자 수를 맞추고 반응식의 계수 조절할 수 있게 합니다.

▶ 반응 메커니즘 유추할 수 있습니다.

산화수가 어떻게 바뀌는지를 보면 전자 이동 경로, 결합 해리와 형성 방식 등을 추론할 수 있습니다.

● 산화수 개념의 한계

산화수는 이론적 전하 개념으로, 실제 전자 분포와 다를 수 있습니다. 특히 공유 결합을 가진 분자에서는 실제 부분 전하와 산화수가 일치하지 않는 경우가 많습니다. 복잡한 분자에서는 산화수만으로 분석이 어려우며, 전기음성도와 결합 구조도 함께 고려해야 합니다.

우리 몸속의 산화-환원 반응
(활성 산소와 항산화제의 작용)

우리 몸은 끊임없이 에너지를 생산하고 다양한 화학 반응을 수행하며 생명을 유지합니다. 이 과정에서 산화-환원 반응은 매우 중요한 역할을 하며, 특히 활성 산소와 항산화제는 건강과 밀접한 관련이 있습니다.

활성 산소는 일정량은 유익하지만, 과도하게 생성되면 세포를 손상시켜 질병의 원인이 될 수 있습니다. 이를 막기 위해 항산화제가 작용하며, 활성 산소와 항산화제의 균형 유지가 건강에 매우 중요합니다.

● 활성 산소: 양날의 검

활성 산소는 산소 분자가 반응하는 과정에서 생성되는 불안정한 상태의 산소 화합물입니다. 활성 산소는 종류에 따라 Superoxide, 과산화수소 (H_2O_2), Hydroxyl radical (·OH) 등이 있습니다.

호흡 과정: 우리가 숨 쉬는 과정에서 산소는 미토콘드리아에서 에너지를 만드는 데 사용되는데, 이때 일부 산소가 활성 산소로 변합니다. 또한 자외선, 방사선, 흡연, 음주, 환경 오염 등 외부 요인에 의해서도 활성 산소 생성이 촉진됩니다.

활성 산소는 적절한 양으로 존재할 때 세균이나 바이러스를 제거하는 등 우리 몸을 보호하는 역할을 합니다. 그러나 활성 산소가 과도하게 생성되면 세포막, DNA, 단백질 등을 손상시켜 다양한 질병 (암, 노화, 심혈관 질환 등)을 유발하는 원인이 됩니다.

- 항산화제: 활성 산소 저격수

항산화제는 활성 산소의 해로운 작용을 억제하는 물질입니다. 항산화제는 활성 산소에 전자를 제공하여 활성 산소를 안정화시키거나, 활성 산소의 생성을 억제하는 방식으로 작용합니다.

활성 산소의 과도한 생성을 막고, 손상된 세포를 회복시키는 역할을 합니다. 또한 암, 노화, 심혈관 질환 등 활성 산소와 관련된 질병을 예방하는 데 도움을 줍니다

체내 생성 항산화제: 우리 몸 안에서 생성되는 항산화 효소 (슈퍼옥사이드 디스뮤타제 (SOD), 카탈라아제, 글루타티온 퍼옥시다제 (GPx) 등) 식품을 통해 섭취하는 항산화 물질 (비타민 C, 비타민 E, 베타카로틴, 폴리페놀 등)이 있습니다.

- 항산화제의 작용 방식

슈퍼옥사이드 디스뮤타제 (SOD)는 활성 산소의 일종인 슈퍼옥사이드 라디칼 (O_2^-)을 과산화수소 (H_2O_2)와 산소 (O_2)로 전환하는 반응을 촉매합니다. 슈퍼옥사이드는 매우 반응성이 높고 세포 구성 성분을 손상시킬 수 있기 때문에 SOD의 역할은 매우 중요합니다. SOD에 의해 $2\ O_2^- + 2\ H^+ \rightarrow H_2O_2 + O_2$ 로 변합니다.

카탈라아제는 주로 세포 내의 퍼옥시좀이라는 소기관에 존재하는데 SOD에 의해 생성된 과산화수소 (H_2O_2)를 물 (H_2O)과 산소 (O_2)로 분해하는 반응을 촉매합니다. 과산화수소 역시 세포에 유해한 물질이므로 카탈라아제의 작용은 중요합니다. 카탈라아제에 의해 과산화수소($2\ H_2O_2$) → 물($2\ H_2O$) + 산소

(O_2)로 변합니다.

글루타티온 퍼옥시다제 (GPx)는 글루타티온이라는 항산화 물질을 이용하여 과산화수소 및 다른 과산화물들을 물과 알코올로 환원시키는 반응을 촉매합니다.

● 비타민과 식물성 항산화제의 역할

비타민 C는 수용성 비타민으로, 강력한 환원제 역할을 수행합니다. 활성 산소에 전자를 제공하여 활성 산소를 안정화시키고, 활성 산소로 인해 손상된 세포를 회복시키는 데 도움을 줍니다. 면역력 강화, 피부 건강 유지, 콜라겐 합성 촉진 등의 효과가 있습니다.

비타민 E는 지용성 비타민으로, 세포막에 존재하며 활성 산소로부터 세포막을 보호하는 역할을 합니다. 활성 산소와 직접 반응하여 활성 산소를 제거하고, 세포막의 지방 성분이 산화되는 것을 방지합니다. 세포 손상 방지, 노화 방지, 심혈관 질환 예방 등의 효과가 있습니다.

베타카로틴은 지용성 카로티노이드로, 비타민 A의 전구체이며 강력한 항산화 작용을 합니다. 활성 산소를 제거하고, 세포 손상을 예방하며, 비타민 A로 전환되어 시력 유지에 도움을 줍니다. 항산화 작용, 시력 보호, 피부 건강 유지 등의 효과가 있습니다.

폴리페놀의 종류는 플라보노이드, 안토시아닌, 카테킨, 레스베라트롤 등이 있고 식물에 존재하는 다양한 화합물로, 강력한 항산화 작용을 합니다. 활성 산소를 제거하고, 세포 손상을 예방하며, 항염증 작용, 항암 작용 등 다양한 생리 활성을 나타냅니다.

배터리 속 화학: 산화-환원 반응으로 만드는 에너지

배터리는 우리 일상에서 필수적인 존재가 되었으며, 스마트폰, 노트북, 전기 자동차 등 우리 삶 곳곳에 에너지를 공급합니다. 배터리는 화학 에너지를 전기 에너지로 변환하는 장치이며, 이 에너지 변환의 핵심에는 산화-환원 반응이 있습니다. 배터리 내부에서 산화 반응 (전자를 잃는 반응)과 환원 반응 (전자를 얻는 반응)이 동시에 일어나며, 전자가 이동하는 과정에서 전기가 발생합니다.

배터리 연구는 더 높은 에너지 밀도와 긴 수명을 가진 배터리 개발에 초점을 맞추고 있으며, 새로운 전극 물질과 전해액 개발을 통해 산화-환원 반응의 효율을 극대화하려는 노력이 이루어지고 있습니다. 즉, 배터리 속 산화-환원 반응은 우리 삶에 필요한 에너지를 제공하는 핵심적인 화학 반응이며, 배터리 기술의 발전은 우리 삶의 질을 향상시키는 데 크게 기여하고 있습니다.

- **배터리의 기본 구조와 원리**

1. 배터리 내부에는 양극과 음극, 그리고 전해액이 존재합니다. 산화-환원 반응은 양극과 음극에서 동시에 일어나며, 전자가 음극에서 양극으로 이동하는 과정에서 전기가 발생합니다.

2. 배터리의 방전 과정은 음극에서는 산화 반응이 일어나 전자를 잃은 물질이 양이온으로 변하고, 양극에서는 환원 반응이 일어나 전자를 얻은 물질이 음이온으로 변합니다. 음극에서 양극으로 전자가 이동하면서 전류가 흐릅니다.

3. 배터리의 충전 과정은 외부 전원을 이용하여 전자를 음극으로 보내 주면 음극에서는 환원 반응이 일어나 양이온이 전자를 얻어 원래 물질로 돌아가고, 양극에서는 산화 반응이 일어나 음이온이 전자를 잃어 원래 물질로 돌아갑니다.

● 배터리의 종류와 반응 예시

1. 납축전지는 자동차 배터리로 많이 사용되는 납축전지는 납(Pb)과 이산화납(PbO_2)를 전극으로 사용합니다.

    방전 시

    음극에서 $Pb(s) \rightarrow Pb^{2+}(aq) + 2e^-$ 산화 반응이,

    양극에서 $PbO_2(s) + 4H^+(aq) + SO_4^{2-}(aq) + 2e^- \rightarrow PbSO_4(s) + 2H_2O(l)$ 환원 반응이 일어납니다.

2. 리튬 이온 배터리는 스마트폰, 노트북 등에 사용되며 리튬 금속 산화물과 탄소를 전극으로 사용합니다.

    방전 시

    음극에서 $Li(s) \rightarrow Li^+(aq) + e^-$ 산화 반응이,

    양극에서는 $Li^+(aq) + e^- + CoO_2(s) \rightarrow LiCoO_2(s)$ 환원 반응이 일어납니다.

사진 현상 속 숨겨진 화학 마법:
은 화합물의 산화-환원 반응

사진 현상은 빛에 민감한 은 화합물(AgBr, AgCl, AgI)의 산화-환원 반응을 이용하여 이미지를 기록하는 기술입니다. 핵심 원리는 할로겐화 은이 빛을 받으면 은 이온(Ag^+)이 금속 은(Ag)으로 환원되는 성질을 이용하는 것입니다.

● 사진 현상의 전체 과정

1. 노출 (빛 받기)

카메라 렌즈를 통해 들어온 빛이 필름에 도달

빛에 노출된 부분의 할로겐화 은(예: AgBr)이 일부 금속 은으로 환원됨

2. 현상 (화학 반응 강화)

빛에 노출된 필름을 현상액에 담금

현상액은 노출된 할로겐화 은을 더 많은 금속 은(Ag)으로 환원

→ 이때 어두운 부분이 점점 더 진해짐

3. 정착 (불필요한 은 제거)

정착액을 사용해 빛에 반응하지 않은 할로겐화 은을 제거

→ 더 이상 빛에 노출되어도 이미지가 변하지 않도록 고정됨

● 화학 반응의 핵심

할로겐화 은의 산화-환원 반응:

Ag⁺ + e⁻ → Ag (환원: 은 이온이 금속 은으로)

X⁻ → X + e⁻ (산화: 할로겐 이온이 전자를 잃음, X는 Br⁻, Cl⁻, I⁻ 등)

즉, 은 이온(Ag⁺*은 전자를 얻어 검은색 금속 은(Ag)으로 바뀌고, 할로겐 이온(X^-)은 전자를 잃고 산화됩니다.

환경 문제와 산화-환원 반응

산화-환원 반응은 우리 삶에 필요한 에너지를 공급하고, 다양한 물질을 합성하는 데 중요한 역할을 합니다. 하지만 동시에, 대기 오염, 오존층 파괴, 산성비 등 환경 문제의 원인이 되기도 합니다. 이러한 문제를 해결하려면 산화-환원 반응에 대한 이해를 바탕으로, 오염 물질 배출을 줄이고, 친환경 기술을 개발하는 노력이 필요합니다.

● 미세먼지 생성

자동차 배기가스, 산업 시설 매연 등에서 배출된 질소산화물(NOx), 황산화물(SOx) 등은 대기 중의 다른 물질과 산화-환원 반응을 일으켜 미세먼지를 생성합니다. 미세먼지는 호흡기 질환, 심혈관 질환 등 다양한 건강 문제를 유발합니다.

● 광화학 스모그

자동차 배기가스에서 배출된 휘발성 유기 화합물(VOCs)과 질소산화물은 햇빛과 반응하여 오존(O_3)을 생성합니다. 오존은 강력한 산화제로서 광화학 스모그를 유발하며, 눈과 호흡기 점막을 자극하고 식물 생장을 저해합니다.

● 오존층 파괴

프레온 가스(CFCs)는 냉장고, 에어컨 등에 사용되었던 화학 물질로, 성층권 오존층을 파괴하는 주범입니다. 프레온 가스는 자외선에 의해 분해되면서 염소 라디칼(Cl·)을 생성하고, 염소 라디칼은 오존(O_3)과 연쇄적인 산화-환원 반응을 일으켜 오존층을 파괴합니다. 오존층은 태양의 유해한 자외선을 차단하는 역할을 하는데, 오존층이 파괴되면 자외선 노출량이 증가하여 피부암, 백내장 등 건강 문제를 유발하고 생태계에도 악영향을 미칩니다.

● 산성비

화력 발전소, 공장 등에서 배출된 황산화물(SO_x), 질소산화물(NO_x)은 대기 중의 수증기와 반응하여 황산(H_2SO_4), 질산(HNO_3) 등 강산성 물질을 생성합니다. 이러한 산성 물질은 비와 함께 지상으로 내려오면서 산성비를 유발합니다. 산성비는 토양과 물을 산성화시켜 생태계를 파괴하고, 건축물, 문화재 등을 부식시키는 원인이 됩니다.

● 환경 문제 해결을 위한 노력

　대기 오염, 수질 오염 등을 유발하는 오염 물질 배출량을 줄이기 위한 노력이 필요하고, 이를 위해 화석 연료 사용을 줄이고, 신재생 에너지 (태양광, 풍력 등) 개발에 투자하여 친환경 에너지 시스템으로 전환하고, 환경 오염을 유발하는 행위에 대한 규제를 강화하고, 기업의 환경 책임을 강화해야 합니다. 또한 개인들은 대중교통 이용, 에너지 절약, 쓰레기 분리수거 등의 노력을 통해 환경 보호에 참여할 수 있습니다.

15. 산과 염기

산과 염기는 우리 주변에서 흔히 볼 수 있는 물질이며, 각각 특유의 성질을 가지고 있습니다. 이 두 물질을 구분하는 것은 화학을 이해하는 데 매우 중요한 개념입니다. 산은 물에 녹았을 때 수소 이온(H^+)을 내놓는 물질이고, 염기는 물에 녹았을 때 수산화 이온(OH^-)을 내놓는 물질입니다.

'산'은 보통 시다는 성질과 연결되며, '염기'라는 말은 염(소금)을 만드는 기본 물질이라는 뜻에서 유래했습니다. 즉, 산의 음이온과 염기의 양이온이 결합하면 염(이온 화합물)이 만들어지는데, 이 염을 만드는 데 필요한 기본 물질이라 하여 '염기'라고 부릅니다.

용액의 pH 값은 산성인지 염기성인지 구분하는 데 사용됩니다.

pH 7: 중성

pH < 7: 산성

pH > 7: 염기성

하지만 pH가 7이라고 해서 반드시 중성 용액이라는 뜻은 아닙니다. 용질의 종류에 따라 성질은 다를 수 있기 때문에 pH는 참고 지표로 사용됩니다.

pH

pH는 'potential of hydrogen'의 약자로, pH는 용액 속에 수소 이온(H^+) 농도의 지수를 나타냅니다. pH 값이 낮을수록 수소 이온 농도가 높고, 용액은 산성입니다. 높을수록 수소 이온 농도는 낮고, 용액은 염기성입니다.

● pH와 수소 이온 농도의 관계

pH는 수소 이온 농도의 음의 상용로그 값으로 정의됩니다. 즉, 수소 이온 농도가 높으면 pH 값은 낮아지고, 수소 이온 농도가 낮으면 pH 값은 높아집니다.

● pH를 계산 방법

pH를 계산하려면 먼저 용액 속 수소 이온 농도(단위: mol/L)를 알아야 합니다.

예를 들어,

수소 이온 농도가 1×10^{-3} M인 경우: pH = $-\log(1 \times 10^{-3})$ = 3 → 이 용액은 산성입니다

● pH의 중요성

pH는 화학 반응, 생물학적 과정, 산업 공정 등 다양한 분야에서 매우 중요한 역할을 합니다.

예: 인체의 혈액은 pH 약 7.4로 약알칼리성을 유지해야 정상적인 기능을

합니다.

농업에서는 토양의 pH를 조절해 작물 생육을 최적화합니다. 수질 관리나 화장품, 의약품 제조 등에도 pH 조절이 필수입니다.

● pH 측정 방법

pH 미터는 정확한 pH 값을 측정하는 데 사용되며, pH 시험지는 간편하게 pH 범위를 확인하는 데 사용됩니다. 그러나 pH는 온도에 따라 달라질 수 있으며, 강산이나 강염기는 작은 양으로도 pH가 급격히 변할 수 있어 주의가 필요합니다.

● 우리 주변 물질의 pH

산성: 레몬즙(pH 2), 식초(pH 3), 콜라(pH 3), 위액(pH 1~2)

중성: 순수한 물(pH 7)

염기성: 베이킹 소다(pH 9), 암모니아수(pH 11), 수산화나트륨 용액(pH 14)

pH는 간단한 수치처럼 보이지만, 수소 이온 농도의 로그 단위이기 때문에 단위 변화가 클수록 그 영향력도 큽니다. pH 3은 pH 4보다 수소 이온 농도가 10배 높습니다.

산

물에 녹았을 때 수소 이온(H^+)을 내놓는 물질입니다. 일반적으로 신맛을 내며, 금속과 반응하면 수소 기체를 발생시키고, 염기와 반응하면 물과 염(소금)을 만들어내는 중화 반응을 일으킵니다.

산은 푸른색 리트머스 종이를 붉게 변화시키는 특징도 있습니다. 대표적인 강산에는 염산(HCl), 황산(H_2SO_4), 질산(HNO_3) 등이 있으며, 이들은 부식성이 강합니다. 아세트산(CH_3COOH), 탄산(H_2CO_3) 등은 약산으로, 상대적으로 산성이 약합니다.

● 위액 속 염산은 소화를 돕는 산

우리 몸의 위액에는 염산(HCl)이 포함되어 있으며, 소화 작용에 필수적인 역할을 합니다. 염산은 펩시노겐을 펩신으로 활성화시켜, 단백질을 더 작은 펩타이드로 분해하는 데 기여합니다. 단백질 구조를 변형시켜 소화 효소가 더 잘 작용하도록 도와줍니다.

강한 산성 환경은 세균과 유해 미생물을 제거하여 방어 작용을 합니다. 무기질을 이온화시켜 체내 흡수를 용이하게 합니다. 유문 괄약근 수축을 유도해 음식물이 소장으로 너무 빨리 이동하는 것을 막습니다. 위 점막 세포를 자극해 점액 분비를 유도하여 위벽을 보호합니다. 단, 위산이 과다하게 분비되면 속쓰림, 위염, 위궤양 등의 문제가 생길 수 있어 건강한 식습관 유지가 중요합니다.

● **식초의 아세트산: 음식의 맛을 살리는 산**

식초에 들어 있는 아세트산은 신맛을 내는 주성분으로, 다음과 같은 효과가 있습니다. 미각 세포를 자극해 입맛을 돋우고, 짠맛을 줄이며 단맛을 더 돋보이게 합니다. 육류의 잡냄새를 제거하고, 채소의 신선함을 강조해 음식의 풍미를 높입니다.

또한 아세트산은 에너지 생성, 피로 회복, 혈당 상승 억제, 세균 번식 억제 등 건강에도 긍정적인 작용을 합니다. 다만, 산성이 강하므로 과도한 섭취는 위 건강에 해롭고, 위궤양이나 역류성 식도염 환자는 주의해야 합니다.

● **탄산음료의 탄산: 청량감을 주는 산**

탄산(H_2CO_3)은 약산으로, 혀를 자극해 신맛과 톡 쏘는 청량감을 줍니다. 기포가 터질 때 생기는 물리적 자극은 특유의 청량한 느낌을 만들어냅니다. 탄산은 향기 성분의 확산을 도와, 마실 때 향과 맛이 더 풍부하게 느껴지게 합니다. 위 속 가스를 트림 형태로 배출시켜 더부룩함을 덜고, 소화에도 도움을 줄 수 있습니다. 그러나 탄산음료에는 많은 당분이 들어 있어, 삼투압 증가로 수분을 빼앗고, 이뇨 작용으로 체내 수분 부족을 초래할 수 있습니다.

→ 무설탕 제품을 선택하거나, 함께 물을 마셔 수분 보충을 하는 것이 바람직합니다.

염기

염기는 물에 녹았을 때 수산화 이온(OH^-)을 내놓는 물질로, 일반적으로 쓴맛이 납니다. 산과 반응하여 물과 염을 생성하는 중화 반응을 일으키며, 붉은색 리트머스 종이를 푸른색으로 바꾸는 특징이 있습니다. 대표적인 강염기로는 수산화나트륨(NaOH), 수산화칼륨(KOH) 등이 있으며, 부식성이 매우 강합니다. 암모니아(NH_3), 탄산나트륨(Na_2CO_3) 등은 약염기로, 상대적으로 작용이 약합니다.

● **비누와 수산화나트륨: 세정 작용의 핵심**

1) 비누화 반응

수산화나트륨은 지방산과 반응해 비누를 만드는 데 사용되며, 이 반응을 비누화 반응이라 합니다. 비누 분자는 친수성(물과 잘 섞임) 부분과 소수성(기름과 잘 섞임) 부분을 동시에 가지고 있습니다.

2) 세정 작용의 원리

비누의 소수성 부분이 기름때와 같은 오염물질에 달라붙고, 친수성 부분이 물과 결합하여 기름때를 물속으로 떼어내는 역할을 합니다. 이 과정에서 비누는 마이셀이라는 작은 구형 구조를 형성하여 오염물질을 분리시킵니다.

3) 수산화나트륨의 역할

비누의 제조와 세정력에 중요한 염기성 반응을 유도하는 핵심 물질입니다. 사용되는 수산화나트륨의 양은 비누의 질감, 세정력, 자극 정도 등에 영향을 미칩니다.

4) 비누의 장점

천연 성분 기반이고 피부 자극이 적고, 생분해성이 뛰어나 환경 오염이 적으며, 가격이 저렴하고 사용이 편리합니다.

수산화나트륨은 비누화 반응을 통해 비누를 만들고, 비누는 마이셀을 형성하여 기름때를 제거하는 세정 작용을 합니다. 비누는 친환경적이고 피부에 자극이 적은 세정제이지만, 비누는 알칼리성이므로, 피부가 민감한 사람은 사용 시 주의해야 하고, 비누를 사용 후에는 물로 깨끗하게 헹궈내야 합니다.

● 세제 속 탄산나트륨: 세정력 향상의 숨은 공신

탄산나트륨(Na_2CO_3)은 다양한 방식으로 세제의 세정 효과를 높이는 중요한 염기성 물질입니다.

1) pH 조절

물에 녹으면 알칼리성 환경을 만들어, 기름때, 단백질 오염물질 분해에 효과적입니다.

2) 물의 경도 감소

경수(칼슘·마그네슘 이온이 많은 물)는 세정력을 떨어뜨립니다.

탄산나트륨은 이 이온들과 반응해 불용성 화합물로 만들고, 물을 연수로 바꾸어 세척력을 높입니다.

3) 오염물질 분리 촉진

섬유와 오염물질 사이의 전기적 반발력을 증가시켜, 기름때나 오염물질이 더 쉽게 떨어지게 만듭니다.

4) 세정제의 효과 강화

계면활성제의 작용을 돕고, 효소의 활성도를 높여 세척력에 대한 시너지 효과를 만들어냅니다.

5) 표백 효과

과탄산나트륨과 함께 사용할 경우, 얼룩 제거 효과를 더욱 높일 수 있습니다. 탄산나트륨과 수산화나트륨은 각각 세탁과 세정에서 매우 중요한 염기성 물질로, 우리 일상생활 속 위생과 편의를 책임지고 있습니다.

16. 중화 반응

중화 반응은 산과 염기가 만나 물과 염을 생성하는 화학 반응입니다. 이 반응에서 산은 수소 이온(H^+)을, 염기는 수산화 이온(OH^-)을 내놓으며, 두 이온이 결합해 물(H_2O)을 만듭니다. 이 과정은 일반적으로 열이 발생하는 발열 반응이며, 우리 생활 곳곳에서 활용됩니다.

● 중화 반응의 활용 예시

속쓰림 완화: 제산제는 위산(산성)을 중화시켜 위장을 편안하게 합니다. 산성 폐수 처리: 공장에서 배출되는 산성 물질을 중화하여 환경 오염을 줄입니다. 산성 토양 중화: 농업에서 석회(염기성 물질)를 이용해 토양의 산도를 조절합니다.

● 대표적인 중화 반응 예

염산(HCl)과 수산화나트륨($NaOH$)의 반응은 염화나트륨($NaCl$ 소금)과 물을 생성하는 중화반응입니다. $HCl + NaOH \rightarrow NaCl + H_2O$

황산(H_2SO_4)과 수산화칼륨(KOH)의 반응은 황산칼륨(K_2SO_4)과 물을 생성하는 중화반응입니다. $H_2SO_4 + 2KOH \rightarrow K_2SO_4 + 2H_2O$

중화 반응은 단순히 산성과 염기성을 없애는 반응을 넘어, 우리 건강, 환경, 산업, 농업 등 다양한 분야에서 중요한 역할을 합니다.

제산제의 작용 원리: 속쓰림 완화의 비밀

속쓰림은 위산이 과도하게 분비되어, 식도나 위 점막을 자극하면서 발생하는 증상입니다. 이를 완화하기 위해 사용하는 약물이 바로 제산제입니다. 제산제는 다음과 같은 작용을 통해 위산의 자극을 줄이고 속쓰림을 완화합니다. 단, 제산제는 증상 완화에는 효과적이지만, 근본적인 원인을 치료하지는 않습니다.

● 위산 중화

제산제의 주성분은 염기성 물질인 탄산수소나트륨 ($NaHCO_3$), 수산화마그네슘 ($Mg(OH)_2$), 수산화알루미늄 ($Al(OH)_3$) 등입니다. 이들 성분은 위산의 주성분인 염산(HCl)과 반응하여 물(H_2O)과 염(예: 염화나트륨 NaCl)을 생성합니다. 이 중화 반응을 통해 위산의 산성을 낮추고, 자극을 줄여 속쓰림 증상을 완화합니다.

● 위 점막 보호

일부 제산제는 위 점막을 직접 보호하는 기능도 가집니다.

예: 알긴산 성분은 위산과 반응해 겔 형태의 막을 형성하고, 이 막이 위 점막을 덮어 위산의 자극을 차단해 줍니다.

● 위 내용물 배출 촉진

제산제는 위의 운동을 촉진하여 음식물이 빠르게 소장으로 내려가도록 도와줍니다. 이로 인해 위 내용물이 식도로 역류하는 것을 방지할 수 있습니다.

● 제산제 종류와 특징

탄산수소나트륨은 효과가 빠르지만, 이산화탄소 발생으로 복부 팽만감을 유발할 수 있습니다. 수산화마그네슘은 완하(緩下) 작용이 있어 변비 환자에게 도움이 될 수 있지만, 설사를 유발할 수 있습니다. 수산화알루미늄은 위 점막 보호 효과가 있지만, 변비를 유발할 수 있습니다. 알긴산은 위산 역류를 방지하는 효과가 있어 역류성 식도염 환자에게 도움이 됩니다.

산성 폐수의 중화 처리

산성 폐수는 다양한 산업 활동에서 발생하며, 그대로 배출되면 토양과 수질을 오염시키고 생태계에 심각한 피해를 줄 수 있습니다. 이러한 산성 폐수를 안전하게 처리하기 위해 염기성 물질을 사용한 중화 처리가 필요합니다. 이 과정은 산성 물질을 중화시켜 pH를 안전한 수준(보통 pH 6~9)으로 조절하는 것을 목표로 합니다.

● 중화 처리 과정

1. 폐수의 pH와 성분을 분석하여 적절한 중화제와 처리 방법을 결정합니다.
2. 분석 결과에 따라 중화제를 적정량 투입합니다.
3. 중화제와 폐수를 충분히 혼합하여 중화 반응을 유도합니다.
4. 반응 후 pH를 측정하여 적정 수준으로 조절되었는지 확인합니다.
5. 중화 반응 중 생성된 침전물은 침전조나 여과 장치로 제거합니다.
6. 처리된 물은 관련 기준에 맞게 방류하거나 재사용됩니다.

● 중화제의 종류

수산화나트륨 (NaOH)은 강염기성 물질로, 산성 폐수를 빠르게 중화시킬 수 있습니다. 수산화칼슘 ($Ca(OH)_2$)은 석회석을 소성하여 얻는 물질로, 가격이 저렴하고 비교적 안전하게 사용할 수 있습니다. 탄산나트륨 (Na_2CO_3)은 약염기성 물질로, 수산화나트륨보다 반응 속도는 느리지만, 안전하게 사용할 수 있습니다.

산성 토양의 중화

산성 토양은 작물의 영양분 흡수를 방해하고 뿌리 발달을 저해하여 농작물 생산성에 악영향을 줍니다. 따라서 토양의 산도를 조절하여 건강한 생육 환경을 조성하는 것이 매우 중요합니다.

● 산성 토양의 원인

빗물은 약산성을 띠며, 염기성 물질을 씻어내 토양을 산성화시킵니다. 낙엽과 유기물 분해로 생성되는 유기산도 산성화를 유도합니다. 화강암, 편마암 기반의 토양은 원래 산성 성분이 많아 쉽게 산성화됩니다. 산성 비료(예: 황산암모늄, 염화칼륨)의 과도한 사용도 산도 상승의 원인이 됩니다. 대기 오염 물질(질소산화물, 황산화물 등)의 침착도 토양 산성화를 촉진합니다.

● 산성 토양의 문제점

인산, 칼슘, 마그네슘 등 필수 영양소의 흡수가 어려워집니다. 작물의 생육이 부진해지고 수확량이 감소할 수 있습니다. 뿌리 발달이 저해되고 병충해에 취약해집니다.

● 산성 토양 중화 방법

산성 토양을 중화하는 가장 일반적인 방법은 석회 물질을 사용하는 것입니다. 석회 물질은 토양의 pH를 높여 산성도를 낮추는 역할을 합니다.

석회석 ($CaCO_3$)은 가장 흔하게 사용되는 석회 물질로, 가격이 저렴하고 효과가 비교적 오래 지속됩니다.

소석회 ($Ca(OH)_2$)는 석회석보다 반응 속도가 빠르지만, 토양 pH 변화가 급격하게 일어날 수 있으므로 주의해야 합니다.

생석회 (CaO)는 소석회보다 더 강력한 효과를 가지지만, 취급 시 주의해야 합니다.

퇴비, 녹비(작물을 재배하여 토양에 갈아엎어 유기물과 영양분을 공급하는 방법)등 유기물을 사용하여 토양 pH를 서서히 높이는 방법은 친환경적이며 토양 건강에도 도움이 됩니다.

제올라이트, 규산질 비료 등 천연 광물을 사용하여 토양 pH를 조절할 수 있습니다.

● 석회 물질 사용 시 주의 사항

토양의 pH를 미리 측정하고, 그에 따라 적정량을 정해야 합니다. 과도한 석회 사용은 토양을 알칼리화시켜 또 다른 문제를 일으킬 수 있습니다. 균일하게 살포해야 효과가 극대화됩니다.

작물별로 적정 pH가 다르므로, 작물에 맞는 석회제와 양을 선택해야 합니다. 유기물과 함께 사용하면 토양 구조 개선 및 영양분 공급에 도움이 됩니다. 이처럼 산성 환경의 중화 반응은 환경 보호와 농업 생산성 향상에 필수적인 과정이며, 과학적 접근과 올바른 실천이 병행되어야 효과적으로 활용될 수 있습니다

17. 용액

용액은 단순히 액체 상태의 혼합물만을 의미하지 않습니다. 두 가지 이상의 물질이 균일하게 섞여 있는 혼합물 전체를 지칭하는 개념입니다. 즉, 액체뿐 아니라 기체나 고체 상태의 혼합물도 용액에 포함될 수 있습니다.

액체 용액: 용매와 용질이 모두 액체 또는 액체 속에 고체/기체가 녹은 형태 (예: 소금물, 식초)

기체 용액: 용매와 용질이 모두 기체인 경우 (예: 공기)

고체 용액: 용매와 용질이 모두 고체인 경우 (예: 합금)

이외에도 기체 속에 액체가 녹은 형태(예: 습한 공기), 고체 속에 액체가 녹은 형태(예: 아말감)도 용액으로 간주됩니다.

● 용액의 조건

용액은 두 가지 이상의 물질로 이루어져야 하며, 이 중 가장 많은 양을 차지하는 물질을 '용매', 그에 녹아 있는 물질을 '용질'이라고 합니다. 용액은 전체적으로 균일한 성분 비율을 가져야 하며, 어느 부분을 떠내도 같은 비율의 용매와 용질이 들어 있어야 합니다.

● 용액의 성질

용매와 용질이 균일하게 섞여 있기 때문에, 용액은 대부분 투명하고, 균일한 혼합물입니다. 용액의 성질은 주로 용매의 성질에 따라 결정됩니다. (예: 물을 용매로 하면 대부분의 수용액이 물의 특성을 따름)

용해도

용해도란 특정 온도에서 일정량의 용매에 녹을 수 있는 용질의 최대량을 의미합니다. 대부분의 고체 용질은 용해 시 열을 흡수하는 흡열 반응을 하기 때문에, 온도가 높아질수록 용해도도 증가합니다. 설탕이나 소금은 따뜻한 물에 더 잘 녹습니다. 반면, 기체 용질은 용해 시 열을 방출하는 발열 반응을 하기 때문에, 온도가 높아질수록 용해도는 감소합니다. 탄산음료를 따뜻하게 하면 김이 빠집니다.

● 용액의 종류에 따른 용해 상태

포화 용액은 용질이 최대한으로 녹아 있는 상태입니다. 불포화 용액은 더 녹일 수 있는 여유가 있는 상태입니다. 과포화 용액은 용해도 이상으로 용질이 녹아 있는 불안정한 상태 (약간의 자극으로 결정이 생길 수 있음)입니다. 이처럼 용액은 상태와 성분에 따라 다양한 형태로 존재하며, 용해도는 온도와 용질의 성질에 따라 달라져 다양한 현상을 설명하는 데 중요한 개념입니다.

몰 농도, 질량 백분율, 몰랄 농도

몰(mole)은 화학에서 원자, 분자, 이온 등 아주 작은 입자의 수를 셀 때 사용하는 단위로, 1몰은 약 6.022×10^{23}개의 입자를 포함하는 양입니다. 이 수를 아보가드로 수라고 부릅니다. 화학에서 용액의 농도를 표현하는 방법에는 여러 가지가 있지만, 그 중에서도 몰 농도, 질량 백분율, 몰랄 농도는 가장 기본적이고 중요한 개념입니다.

1) 몰 농도 (Molarity, M)

몰 농도는 용액 1L당 녹아 있는 용질의 몰 수를 나타냅니다.

계산식:

몰 농도(M) = 용질의 몰수 (mol) / 용액의 부피 (L)

온도가 변하면 용액의 부피가 변하기 때문에, 몰 농도도 온도에 따라 달라질 수 있습니다.

2) 질량 백분율 (Mass Percent, wt%)

질량 백분율은 전체 용액의 질량에 대한 용질 질량의 비율을 백분율(%)로 표현한 것입니다.

계산식:

질량 백분율 = (용질의 질량 / 용액의 질량) × 100

온도가 변해도 질량은 변하지 않기 때문에, 질량 백분율은 온도의 영향을 받지 않습니다. 이 방식은 일상생활에서 자주 사용되며, 예를 들어 식품, 세제, 약품 등에 표시된 농도 단위가 바로 이 질량 백분율입니다.

3) 몰랄 농도 (Molality, m)

몰랄 농도는 용매 1kg당 녹아 있는 용질의 몰 수를 나타냅니다.

계산식:

몰랄 농도(m) = 용질의 몰수 (mol) / 용매의 질량 (kg)

이 역시 질량을 기준으로 하기 때문에, 온도가 변해도 몰랄 농도는 변하지 않습니다. 몰랄 농도는 끓는점 오름, 어는점 내림 같은 총괄성을 계산할 때 자주 사용됩니다.

증기압과 용액의 증기압 낮아짐

액체는 끊임없이 기체 상태로 증발하려는 성질이 있습니다. 이때, 액체 표면에서 증발한 기체 분자들이 밀폐된 공간 안에서 액체 표면에 가하는 압력을 증기압이라고 합니다.

● 증기압에 영향을 주는 요인

온도: 온도가 높을수록 분자들의 운동 에너지가 증가하여 증발이 활발해지고, 증기압도 증가합니다.

분자 간 인력: 인력이 강한 액체일수록 증발이 어렵기 때문에, 증기압이 낮습니다.

용질의 존재: 용액에서는 용질이 용매 분자의 증발을 방해하기 때문에, 순수한 용매보다 증기압이 낮아집니다.

끓는점과 증기압의 관계: 액체는 증기압이 외부 압력과 같아지는 온도에서 끓습니다. 따라서 증기압이 높을수록 끓는점은 낮아집니다.

● 증기압의 활용 사례

1) 기상 예측

대기 중 수증기압은 습도, 구름 생성, 강수량 예측에 활용됩니다. 수증기압 변화는 기온 변화와 기상 예보에 중요한 역할을 합니다.

2) 화학 공정 (증류, 추출, 흡수, 흡착 등)

증류: 끓는점 차이를 이용해 혼합물 성분 분리

휘발성이 큰 물질 → 증기압 높음 → 끓는점 낮음

추출: 용매에 잘 녹는 성분만 분리

증기압이 높은 물질일수록 잘 녹아 추출됨

흡수: 기체 혼합물의 특정 성분을 액체에 녹여 분리

흡수제의 증기압이 낮을수록 잘 증발하지 않아 흡수 효율이 높음

흡착: 고체 흡착제에 기체나 액체의 특정 성분을 달라붙게 함

증기압이 낮은 물질일수록 흡착제 표면에 잘 달라붙음

3) 식품 건조 및 저장

식품 표면의 수분 증발은 내부와 외부 공기의 수증기압 차이에 의해 발생, 이를 조절하면 건조 속도와 품질을 조절할 수 있습니다.

● 용액에서의 증기압 낮아짐 현상

용질이 녹아 있는 용액에서는, 용질이 용매의 증발을 방해하여 전체 증기압이 감소합니다. 이 현상을 증기압 낮아짐이라 하며, 순수한 용매보다 용액의 증기압이 더 낮습니다.

▶ 라울의 법칙

묽은 용액에서 증기압 낮아짐의 정도는 용매의 몰분율에 비례합니다.

$P = P_0 \times X\_solvent$

P: 용액의 증기압, P₀: 순수한 용매의 증기압, X_solvent: 용매의 몰분율

● 생활 속 예시

염화칼슘은 겨울철 도로에 뿌려져 어는점을 낮추어 빙판을 방지합니다. 설탕을 물에 녹이면 증기압이 낮아져 끓는점이 높아지고, 음식이 더 뜨거운 온도에서 조리됩니다. 소금을 물에 녹이면 어는점이 낮아져, 음식이 쉽게 얼지 않도록 도와줍니다.

약물의 경우, 극성 물질은 물에 잘 녹지만, 소수성 약물은 용해도를 높이기 위해 용액의 증기압 낮아짐 현상을 활용할 수 있습니다. 이처럼 증기압은 물리 변화, 화학 공정, 일상생활, 기상 예측 등 여러 분야에서 중요한 역할을 하며, 용액의 증기압 낮아짐 현상은 실용적이고 널리 응용됩니다.

끓는점 상승

끓는점은 액체의 증기압이 외부 기압과 같아지는 온도를 의미합니다. 일반적으로, 용액의 증기압은 순수한 용매보다 낮습니다. 이는 용액 속 용질 입자들이 용매 분자의 증발을 방해하기 때문입니다. 이로 인해 증기압이 외부 기압에 도달하려면 더 높은 온도가 필요하게 되고, 결과적으로 끓는점이 상승하게 됩니다.

● 예시

순수한 물은 100℃에서 끓지만, 여기에 설탕이나 소금을 넣어 용액을 만들면, 끓는점은 100℃보다 높아집니다. 이런 현상을 끓는점 상승이라고 합니다.

● 끓는점 상승의 계산

끓는점 상승은 다음 공식을 통해 계산할 수 있습니다:

$\Delta T_b = K_b \times m$

ΔT_b : 끓는점 상승량 (℃), K_b : 용매의 끓는점 상승 상수, m : 용액의 몰랄 농도 (mol/kg)

즉, 끓는점 상승량은 몰랄 농도에 비례하여 증가합니다.

삼투압

삼투압은 반투막을 사이에 두고 농도가 다른 두 용액이 있을 때 생기는 현상에서 비롯된 압력입니다. 이때 용매(주로 물)는 농도가 낮은 쪽에서 농도가 높은 쪽으로 이동하려는 경향이 있는데, 이러한 용매의 이동을 막기 위해 가해지는 압력을 삼투압이라고 합니다.

● 삼투압의 원리

삼투현상은 반투막을 통해 용매만이 통과하고, 용질은 통과하지 못하는 조건에서 발생합니다. 용매는 농도가 높은 쪽으로 이동하며, 이로 인해 두 용액의 농도를 같게 만들려고 합니다.

● 삼투압 계산식

삼투압은 다음 식으로 계산할 수 있습니다:

$\pi = M \times R \times T$

π : 삼투압, M : 몰 농도 (mol/L), R : 기체 상수, T : 절대 온도(K)

즉, 삼투압은 용액의 농도(M)와 온도(T)에 비례하여 증가합니다.

● 삼투압의 생활 속 예시

1. 배추 절이기

배추를 소금물에 담그면 소금물의 농도가 더 높아 삼투압 차이로 인해 배추 속의 물이 밖으로 빠져나가 절여집니다.

2. 식물의 물 흡수

흙 속 물의 농도가 뿌리보다 낮을 경우, 삼투압 차이로 인해 물이 뿌리로 흡수됩니다.

3. 역삼투압 정수기

삼투현상의 반대 개념인 역삼투압을 이용한 장치입니다. 농도가 높은 쪽에 압력을 가하면, 용매가 반투막을 통해 농도가 낮은 쪽으로 이동합니다. 이 원리를 이용해 중금속, 세균, 바이러스, 미세 플라스틱 등 불순물을 제거합니다. 단점은 미네랄까지 제거되어 물맛이 없을 수 있고, 폐수 발생 및 유지비용이 높습니다.

● 의학과 생명과학에서의 삼투압

1. 혈액 투석

신장 기능이 저하된 환자의 혈액 속 노폐물을 삼투압 차이를 이용해 제거하는 치료법입니다.

2. 세포 기능 유지

세포막은 반투막처럼 작용하여, 세포 안팎의 삼투압 균형을 통해 물의 이동을 조절하고 세포의 생존을 유지합니다.

3. 탈수 현상

수분이 부족해지면 세포 안팎의 삼투압 불균형이 발생하고, 세포 기능이 저하되어 피로, 집중력 저하 등의 증상이 나타날 수 있습니다.

4. 부종(부기)

체내에 수분이 과도하게 축적되면, 세포외액의 삼투압이 낮아지고 물이 세포 안으로 지나치게 유입되어 부종이 발생합니다.

삼투압은 우리 몸의 수분 조절과 생명 유지, 정수·의료·식품 가공 등 다양한 분야에서 중요한 개념이며, 과학적으로 이해하고 활용할수록 실생활에 유용한 응용이 가능합니다.

18. 화학 반응 속도

화학 반응 속도는 화학 반응이 얼마나 빠르게 일어나는지를 나타내는 척도입니다. 보통 시간당 반응물의 몰 농도 변화량으로 표현됩니다.

● 반응 속도 측정 방법

반응 속도는 주로 시간에 따른 반응물 농도 변화를 통해 측정합니다. 이를 위해 다양한 분석 방법이 사용되며, 대표적으로 분광법, 전기 전도도 측정법, 적정법 등이 있습니다.

● 반응 속도 법칙

반응 속도는 반응물의 농도와 밀접한 관계가 있으며, 이를 수식으로 표현한 것이 반응 속도 법칙입니다.

$v = k[A]^m[B]^n$

v: 반응 속도, k: 속도 상수 (온도에 따라 변함), [A], [B]: 반응물 A, B의 농도, m, n: 반응 차수 (실험적으로 결정)

반응 차수는 특정 반응물 농도가 반응 속도에 어떻게 영향을 주는지를 나타내는 지수이며, 0차, 1차, 2차 반응 등이 있으며, 정수 또는 분수 값을 가질 수 있습니다.

0차 반응은 반응 속도가 반응물 농도에 영향을 받지 않습니다.

1차 반응은 반응 속도가 반응물 농도에 정비례합니다.

2차 반응은 반응 속도가 반응물 농도의 제곱에 비례합니다.

속도 상수는 반응 속도를 결정하는 상수이며, 온도에 따라 변합니다. 속도 상수의 단위는 반응 차수에 따라 달라집니다.

● 반응 속도에 영향을 미치는 요인

1. 농도 증가 → 분자 충돌 횟수 증가 → 반응 속도 증가

2. 온도 상승 → 에너지 높은 분자 증가 → 활성화 에너지 넘는 분자 수 증가 → 반응 속도 증가

3. 기체의 압력 증가 → 분자 밀도 증가 → 반응 속도 증가

4. 고체의 표면적 증가 → 반응 면적 증가 → 반응 속도 증가

5. 촉매 사용 → 활성화 에너지 낮춤 → 반응 속도 증가

6. 물리적 상태 차이 → 기체 > 액체 > 고체 순으로 반응 속도 빠름

7. 빛(광화학 반응) → 빛이 반응물 활성화 → 반응 속도 증가

(예: 사진 현상은 빛에 의해 일어나는 화학 반응)

● 반응 속도 이론

충돌 이론은 반응물 분자가 충돌할 때 충분한 운동 에너지를 가지고 올바른 방향으로 충돌해야 반응이 일어난다는 이론입니다. 활성화 에너지는 반응이 일어나기 위해 필요한 최소한의 에너지입니다. 활성화 에너지가 낮을수록 반응 속도는 빠릅니다. 전이 상태는 반응물 분자가 충돌하여 생성물로 변하기 직전의 불안정한 상태입니다. 전이 상태의 에너지가 높을수록 반응 속도는 느립니다.

● 반응 속도 연구의 중요성

반응 속도 연구는 화학 반응의 메커니즘을 이해하고, 반응 속도를 조절하여 원하는 생성물을 효율적으로 얻는 데 도움을 줍니다. 이는 화학 산업, 의약품 개발, 환경 연구 등 다양한 분야에서 매우 중요하게 활용됩니다.

반응 메커니즘

화학 반응 메커니즘은 반응이 일어나는 세부 단계를 설명하는 것으로, 마치 요리 레시피처럼 반응의 진행 과정을 순서대로 보여줍니다.

● 반응 메커니즘의 중요성

어떤 분자가 언제, 어떻게 작용하는지 알 수 있습니다. 반응 속도 및 조건 조절에 유용합니다. 새로운 반응을 설계하거나 최적화할 때 필수적입니다.

● 반응 메커니즘의 구성 요소

반응물: 반응에 처음 참여하는 물질

중간체: 반응 도중 생성되었다가 사라지는 일시적 물질

전이 상태: 반응물에서 생성물로 전환되기 직전의 불안정한 고에너지 상태

활성화 에너지: 반응을 시작하기 위해 필요한 최소한의 에너지

생성물: 최종적으로 생성되는 물질

● 반응 메커니즘 표현 방법

화학식과 화살표를 통해 각 단계 표현하며, 에너지 프로파일 그래프를 사용하여 활성화 에너지, 전이 상태, 반응 경로를 시각적으로 나타냅니다.

● 반응 메커니즘 연구 방법

속도 법칙 실험: 반응 차수 및 속도 상수 도출

동위원소 추적법: 특정 원자를 치환하여 반응 경로 파악

분광학적 분석(NMR, IR, 질량 분석): 반응 중간체 및 생성물 구조 확인

컴퓨터 시뮬레이션: 반응 경로 예측 및 최적화

반응 메커니즘의 이해는 화학 반응의 본질을 파악하고, 보다 정밀하고 효율적인 물질 생산을 가능하게 해줍니다.

촉매

촉매는 화학 반응 속도를 증가시키는 물질이지만, 반응 도중 소모되지 않고 원래 상태로 되돌아오는 특징이 있습니다. 촉매는 반응의 활성화 에너지를 낮춤으로써 반응이 더 쉽게 일어나도록 도와줍니다. 소량으로도 많은 반응을 촉진할 수 있으며, 화학·제약·환경 산업에서 널리 사용됩니다.

● **촉매의 작용 원리**

1. 활성화 에너지 감소

반응이 일어나기 위해서는 반응물들이 일정 에너지 이상을 가져야 합니다. 이 에너지를 활성화 에너지라고 하며, 이 값이 클수록 반응은 느립니다. 촉매는 반응 경로를 바꾸어 활성화 에너지를 낮춰 반응이 더 쉽게 일어나게 합니다.

2. 반응 경로 변경

촉매는 반응물과 중간체를 형성해 다른 경로로 반응을 유도합니다. 이 경로는 에너지 장벽이 낮기 때문에 반응 속도가 빨라집니다. 반응 후 촉매는 다시 원래 상태로 돌아가며, 반복 사용이 가능합니다.

비유: 산을 넘는 대신 터널을 통과하는 것과 같습니다.

● **촉매의 종류**

1) 균일 촉매

반응물과 같은 상(기체 또는 액체)에 존재하는 촉매입니다.

장점: 반응 속도 조절 용이, 높은 활성도

단점: 분리 및 재사용이 어려움

예: 용액 상태의 산·염기, 금속 이온, 효소

2) 불균일 촉매

반응물과 다른 상, 보통 고체 촉매입니다.

장점: 분리와 재사용이 쉬움, 대량 생산에 적합

단점: 활성 위치 파악이 어렵고, 반응 조절이 제한적

예: 철, 백금, 팔라듐, 제올라이트

● 촉매의 유형과 활용 예시

① 금속 촉매

다양한 반응에 사용, 반응 속도 높고 안정적입니다.

철(Fe): 암모니아 합성

백금(Pt): 석유 분해, 수소 연료 전지

팔라듐(Pd): 항암제·항생제 합성

니켈(Ni): 식용유 경화 (마가린 생산)

은(Ag): 섬유 산업, 아크릴 섬유 생산

② 산-염기 촉매

산은 양성자(H^+)를 주고, 염기는 제거하여 반응 유도를 합니다.

산 촉매: 황산, 염산 → 석유 정제, 에스테르화

염기 촉매: 수산화나트륨, 피리딘 → 알돌 반응, 비누화 반응

③ 유기 촉매

탄소 기반 촉매로, 금속보다 저독성이고 생체 친화적입니다.

특히 비대칭 합성에 유용 (특정 거울상 이성질체 선택)합니다.

예: 아민 촉매, 카르벤 촉매

활용: 의약품, 농약, 화장품, 식품 첨가물 합성

④ 생체 촉매(효소)

생명체 내에서 작용하는 고특이성 단백질 촉매입니다. 적은 양으로도 매우 높은 반응 속도 유도합니다.

소화 효소: 아밀라아제, 프로테아제

진단·치료제: 특정 효소 활성 측정, 항암제 설계

산업: 맥주·치즈 제조, 섬유 가공, 폐기물 분해

⑤ 광촉매

빛을 이용해 반응을 유도하는 촉매입니다. 빛을 흡수해 전자-정공 쌍을 만들어 주변 물질과 반응합니다. 예를 들어, 산화티탄(TiO_2), 산화아연(ZnO) 등이 있습니다.

활용:

공기·수질 정화, 세균·곰팡이 제거

자외선에 반응하는 친환경 건축 자재

● **촉매의 중요성**

에너지 절감: 활성화 에너지를 낮춰 낮은 온도와 압력에서도 반응 가능

효율 향상: 빠른 반응 속도, 공정 시간 단축

선택성 향상: 원하는 생성물만 선택적으로 얻기 쉬움

친환경성: 불필요한 부산물 줄이고, 유해 물질 제거에 활용 가능

촉매는 현대 화학 산업의 핵심 도구로, 고효율 생산, 에너지 절감, 친환경 공정, 고부가가치 물질 합성에 필수적인 역할을 수행하고 있습니다.

화학 평형

콜라 병을 열면 이산화탄소 기체가 빠져나오지만, 병을 다시 닫아 두면 콜라 속의 이산화탄소는 기체 상태와 액체 속에 녹아 있는 상태가 서로 균형을 이루며 유지됩니다. 이처럼 겉보기에는 변화가 없어 보이지만, 실제로는 정반응과 역반응이 동시에 진행되는 상태를 화학 평형이라고 합니다. 이는 동적 평형 상태로, 반응이 멈춘 것이 아니라 속도가 같아 변화가 없는 것처럼 보이는 상태입니다.

● 화학 평형이 형성되는 원리

대부분의 화학 반응은 가역 반응이며, 초기에는 정반응 속도가 빠르고 시간이 지남에 따라 역반응 속도가 점점 증가합니다. 결국 두 속도가 같아지는 시점에 도달하면 평형 상태가 됩니다. 이때부터 반응물과 생성물의 농도는 일정하게 유지되며, 실제로는 반응이 계속 진행되지만 눈에 띄는 변화는 없는 상태가 됩니다.

● 평형 상수(K)란?

평형 상수(K)는 반응이 평형에 도달했을 때, 반응물과 생성물의 농도 비율을 나타내는 값입니다.

가역 반응: $aA + bB \rightleftarrows cC + Dd$ 이때 평형 상수는 다음과 같이 계산합니다:

$K = ([C]^c \times [D]^d) / ([A]^a \times [B]^b)$

대괄호는 물질의 평형 상태 농도(mol/L)를 의미하고, a, b, c, d는 반응식의 계수입니다.

▶ 평형 상수의 해석

K > 1: 정반응이 우세 → 생성물 농도가 높음

K < 1: 역반응이 우세 → 반응물 농도가 높음

K ≈ 1: 정반응과 역반응이 비슷한 정도로 진행

※ 평형 상수는 온도에 따라 변할 수 있습니다.

● 르 샤틀리에의 원리

르 샤틀리에의 원리는 평형 상태에 있는 시스템에 농도, 온도, 압력 등의 변화가 생기면, 그 변화(방해)를 상쇄하려는 방향으로 평형이 이동한다는 원리입니다. 즉, 시스템은 평형을 유지하려고 스스로 조절하려는 성질이 있습니다.

▶ 평형 이동의 예

1) 농도 변화

반응물 농도 증가 → 정반응 쪽으로 평형 이동

생성물 농도 증가 → 역반응 쪽으로 평형 이동

2) 온도 변화

흡열 반응: 온도↑ → 정반응 우세, 온도↓ → 역반응 우세

발열 반응: 온도↑ → 역반응 우세, 온도↓ → 정반응 우세

3) 압력 변화 (기체 반응)

압력↑ → 기체 분자 수가 적은 쪽으로 평형 이동

압력↓ → 기체 분자 수가 많은 쪽으로 평형 이동

● 르 샤틀리에의 원리 활용 예: 암모니아 합성

$N_2(g) + 3H_2(g) \rightleftarrows 2NH_3(g)$

고온: 반응은 발열 반응이므로 역반응이 우세 → 생성량 감소

저온: 정반응이 우세하나 반응 속도 느림

고압: 정반응 쪽(NH_3) 분자 수가 적어 → 생성량 증가

실제 산업에서는 적절한 온도와 높은 압력을 설정해 생산성과 수율을 모

두 확보합니다.

● 화학 평형의 중요성

평형 상수와 르 샤틀리에의 원리를 활용하면 반응 조건을 조절하여 원하는 생성물을 더 많이 얻을 수 있습니다. 이 개념은 화학 공정, 생명 시스템, 환경 반응 등 다양한 분야에서 핵심적으로 활용됩니다.

19. 유기 화학

유기 화학은 탄소를 포함하는 화합물을 연구하는 화학의 한 분야입니다. 탄소는 생명체를 구성하는 기본 원소로, 다양한 원소와 결합해 수많은 유기 화합물을 만들 수 있습니다.

유기 화학은 의약품, 플라스틱, 섬유, 연료 등 우리 일상과 밀접한 물질들을 다루며, 단백질, 탄수화물, 지방과 같은 생체 분자, 질병 치료에 사용되는 의약품, 친환경 에너지 개발, 환경 오염 물질의 분해, 등 다양한 분야에서 중요한 역할을 합니다.

시그마(σ) 결합과 파이(π) 결합

화학 결합은 원자들이 전자를 공유해 안정한 분자를 형성하는 현상입니다. 공유 결합은 크게 시그마(σ) 결합과 파이(π) 결합으로 나뉩니다.

단일 결합: 하나의 시그마 결합

이중 결합: 하나의 시그마 결합 + 하나의 파이 결합

삼중 결합: 하나의 시그마 결합 + 두 개의 파이 결합

● 시그마(σ) 결합

두 원자의 궤도함수(주로 s 또는 p 오비탈)가 정면으로 겹쳐 형성됩니다. 가장 강하고 안정한 결합이며, 주로 단일 결합 형태로 나타납니다. 반응성이 낮고, 전자 밀도는 두 원자핵 사이에 집중되어 있습니다.

● 파이(π) 결합

p 오비탈의 측면 겹침으로 형성되는 결합입니다. 전자 밀도는 두 핵 위아래에 분포합니다. 시그마 결합보다 약하고 반응성이 높아 화학 반응에 잘 참여합니다.

● 왜 파이 결합이 끊어질까?

이중, 삼중 결합에서 파이 결합은 시그마 결합보다 약합니다. 따라서 화학 반응에서 파이 결합이 먼저 끊어지고, 새로운 시그마 결합이 형성됩니다.

● 친전자체

친전자체는 전자를 끌어당기는 성질을 가진 화학 종입니다. 보통 전자 부족 상태이거나 양전하를 띠고 있습니다. 전자를 받아들이기 위한 빈 오비탈을 가지

고 있습니다. 전자를 가진 다른 물질(친핵체)과 반응하여 전자를 받아들입니다.

예시:

이온: H^+, CH_3^+, Br^+

분자: HCl, HBr, H_2SO_4

루이스 산: BF_3, $AlCl_3$

● 친핵체

친핵체는 전자를 내놓으려는 성질을 가진 화학 종입니다. 전자가 풍부하거나 음전하를 띤 분자입니다. 보통 비공유 전자쌍을 가지고 있어 반응에서 이를 제공합니다. 양전하를 띠거나 전자가 부족한 분자(친전자체)를 공격합니다.

예시:

이온: OH^-, CN^-, Br^-, I^-

분자: H_2O, NH_3, 알코올(ROH)

● 기질과 이탈기

기질: 친핵체의 공격을 받는 분자 또는 화합물

이탈기: 반응 중 기질에서 떨어져 나가는 원자단

예: 할로젠 이온(Br^-, Cl^-), 물(H_2O)

→ 친핵성 치환 반응에서 이탈기가 떨어져 나가고, 그 자리에 친핵체가 결합합니다.

이러한 기본 개념은 유기 화학 반응의 메커니즘을 이해하고, 신약 개발, 신소재 합성, 생명 과정의 이해 등에 핵심적인 역할을 합니다.

탄화수소

탄화수소는 탄소와 수소로만 이루어진 유기 화합물로, 우리 주변에서 매우 흔하게 찾아볼 수 있습니다. 탄화수소는 다양한 방식으로 결합하여 다양한 종류의 화합물을 형성하며, 그 구조와 성질에 따라 알케인, 알켄, 알카인으로 분류됩니다. 탄화수소는 연료 (석탄, 석유, 천연가스)나 플라스틱, 합성 섬유, 고무 등 다양한 화학 물질의 원료로 사용됩니다.

● 알케인 (Alkanes)

알케인은 탄소 원자들이 단일 결합으로 연결된 사슬 모양의 포화 탄화수소입니다. 일반식은 C_nH_{2n+2} (n은 탄소 원자의 개수)이고, 메탄 (CH_4), 에탄 (C_2H_6), 프로판 (C_3H_8), 부탄 (C_4H_{10}), 헥세인(C_6H_{14}) 등이 있습니다. 알케인은 탄소와 수소의 전기 음성도 차이가 작아 무극성 분자입니다. 비교적 반응성이 낮아 안정적인 화합물이며, 탄소 수가 증가할수록 끓는점이 높아집니다. 알케인은 할로젠과 반응하여 할로젠화 알킬을 생성합니다. 용도로는 연료 (메탄, 프로판, 부탄), 용매 (헥세인), 윤활유 등으로 사용됩니다.

● 알켄 (Alkenes)

알켄은 탄소 원자 사이에 이중 결합을 하나 이상 포함하는 불포화 탄화수소입니다. 일반식은 C_nH_{2n} (n은 탄소 원자의 개수)이고, 에틸렌 (C_2H_4), 프로필렌 (C_3H_6), 부텐 (C_4H_8) 등이 있습니다. 이중 결합을 가지고 있어 반응성이 높고, 이중 결합의 위치에 따라 다양한 이성질체가 존재하며, 이중 결합을 중심으로 치환기의 배열이 다른 기하 이성질체가 존재합니다. 알켄은 이중 결합에 할로젠, 수소 등을 첨가하여 포화 탄화수소로 변환됩니다. 용도로는 플라스틱 (에틸렌, 프로필렌), 합성 섬유, 고무 등의 원료로 사용됩니다.

● 알카인 (Alkynes)

알카인은 탄소 원자 사이에 삼중 결합을 하나 이상 포함하는 불포화 탄화수소입니다. 일반식은 C_nH_{2n-2} (n은 탄소 원자의 개수)입니다. 아세틸렌 (C_2H_2), 프로핀 (C_3H_4), 부틴 (C_4H_6) 등이 있습니다.

삼중 결합을 가지고 있어 반응성이 매우 높고, 삼중 결합의 위치에 따라 다양한 이성질체가 존재합니다. 알카인은 삼중 결합에 할로젠, 수소 등을 첨가하여 포화 탄화수소로 변환됩니다. 용도로는 용접 (아세틸렌), 화학 합성 원료 등으로 사용됩니다.

방향족 화합물

방향족 화합물은 벤젠 고리를 포함하는 유기 화합물의 일종으로, 독특한 구조와 화학적 특성을 가지고 있습니다. 대표적인 방향족 화합물로는 벤젠과 톨루엔이 있습니다.

방향족 화합물은 분자가 평면 구조를 가지며, 벤젠 고리 안의 이중 결합이 번갈아 나타나는 공명 구조를 가지고 있어 안정적인 구조를 유지하기 때문에 방향족 화합물은 불포화 결합을 가지고 있음에도 불구하고 높은 안정성을 가집니다. 또한 방향족 화합물은 친전자체와 반응하여 치환 반응을 일으키는 경향이 있습니다. 방향족 화합물은 휘발성이 높아 대기 오염을 유발할 수 있으며, 토양 및 수질 오염의 원인이 되기도 합니다.

● 벤젠 (Benzene)

벤젠은 6개의 탄소 원자가 고리 모양으로 연결된 구조를 가지며, 각 탄소 원자는 하나의 수소 원자와 결합합니다. 벤젠 고리 안에는 3개의 이중 결합이 번갈아 나타나는 공명 구조를 가지고 있어 안정적인 구조를 유지합니다. 벤젠은 상온에서 무색의 액체 상태로 존재하며, 특유의 방향성 냄새를 가지고 있습니다. 벤젠은 반응성이 높아 다양한 화학 반응에 참여하며, 인체에 유해한 발암 물질로 알려져 있습니다. 벤젠은 다양한 화학 물질(예: 스티렌, 페놀)을 제조하는 데 사용되며, 특정 물질을 용해시키는 용매로 사용되기도 합니다.

● 톨루엔 (Toluene)

톨루엔은 벤젠 고리에 메틸기($-CH_3$)가 하나 결합된 구조를 가지며, 벤젠보다 안정적인 화합물입니다. 톨루엔은 상온에서 무색의 액체 상태로 존재하며, 벤젠과 유사한 방향성 냄새를 가지고 있습니다. 톨루엔 또한 인체에 유해한 영향을 미칠 수 있습니다. 톨루엔은 페인트, 잉크, 접착제 등의 용매로 사용되며, 벤젠, 자일렌 등 다른 방향족 화합물을 제조하는 데 사용됩니다. 톨루엔은 휘발유의 옥탄가를 높이는 첨가제로 사용되기도 합니다.

작용기를 포함하는 탄소 화합물

작용기를 포함하는 탄소 화합물은 유기 화합물 중에서 특정한 화학적 성질을 나타내는 작용기를 포함하는 분자들을 말합니다. 이러한 작용기는 분자의 물리적, 화학적 특성을 결정하며, 반응성, 끓는점, 용해도 등에도 큰 영향을 미칩니다.

● 톨루엔

톨루엔은 벤젠 고리에 메틸기($-CH_3$)가 결합된 구조로, 방향족 화합물에 해당합니다. 벤젠보다 화학적으로 안정하며, 상온에서 무색 액체 상태로 존재하고 방향성 냄새를 가지고 있습니다. 주로 페인트, 잉크, 접착제의 용매로 사용되며,

휘발유의 옥탄가를 높이는 데에도 쓰입니다.

● 하이드록시기(-OH)를 포함한 화합물

하이드록시기는 산소 원자에 수소 원자가 결합된 작용기로, 알코올, 페놀, 카르복시산 등에 존재합니다. 극성 작용기로서 물에 잘 녹고, 수소 결합을 형성하여 높은 끓는점을 가집니다. 생리 활성 작용이 있으며, 에스터 형성 등의 반응성도 큽니다.

● 에테르 (Ether)

에테르는 R-O-R 형태로, 두 탄소가 산소를 사이에 두고 연결된 구조를 가집니다. 끓는점이 낮고 물에 잘 녹지 않으며, 용매나 마취제로 사용됩니다. 대표적으로 디에틸 에테르, 아니솔, 테트라히드로푸란 등이 있습니다.

● 카르보닐기(-C=O)를 포함한 화합물

카르보닐기는 산소와 탄소의 이중 결합으로 구성된 작용기로, 케톤, 알데히드, 카르복시산, 아미드 등의 핵심 구조입니다.

● 케톤 (Ketone)

케톤은 R-CO-R 구조를 가지며, 아세톤과 같은 물질이 대표적입니다. 극성을 띠고 끓는점이 높으며, 친핵체 반응을 잘 합니다.

● 카르복시산 (Carboxylic Acid)

카르복실기(-COOH)를 포함한 화합물로, 강한 극성과 수소 결합으로 인해 끓는점이 높고, 산성을 띱니다. 아세트산, 벤조산, 팔미트산 등이 있으며, 식품과 의약품 분야에서 널리 사용됩니다.

● 알데히드 (Aldehyde)

알데히드는 R-CHO 구조를 가지며, 카르보닐 탄소가 수소와 결합해 있습니다. 포름알데히드, 아세트알데히드 등이 있고, 향료, 플라스틱, 접착제 원료로 쓰입니다.

● 에스터 (Ester)

에스터는 R-COO-R' 구조를 가지며, 카르복시산과 알코올의 축합 반응으로 형성됩니다. 향기 성분으로 많이 사용되며, 향수, 식품, 플라스틱(폴리에스터) 등에 활용됩니다.

● 아민 (Amine)

아민은 암모니아의 수소가 유기기(R)로 치환된 화합물이며, 1차($R-NH_2$), 2차(R_2NH), 3차(R_3N)로 나뉩니다. 염기성을 띠며, 의약품, 염료, 농약 등에 사용됩니다.

● 아미드 (Amide)

아미드는 카르복실기에서 -OH가 아민기로 치환된 형태로, 펩타이드 결합을 이루는 기본 단위입니다. 단백질의 주성분이며, 나일론 등의 고분자와 의약품의 중간체로 쓰입니다.

20. 유기 반응

유기 화학 반응은 분자들이 어떻게 변화하고 상호 작용하는지 보여주는 과정입니다. 이 중에서 첨가 반응, 치환 반응, 제거 반응은 유기 화학에서 가장 흔하게 일어나는 반응 유형입니다.

첨가 반응

첨가 반응은 주로 이중 결합이나 삼중 결합을 가진 불포화 화합물에서, 불포화 결합에 다른 원자나 분자가 첨가되어 새로운 결합을 형성하는 반응입니다. 이 과정에서 파이 결합이 끊어지고, 새로운 시그마 결합이 형성됩니다.

첨가 반응은 불포화 결합의 파이 전자를 공격합니다. 불포화 결합의 파이 전자는 비교적 자유롭게 움직일 수 있으며, 전자 밀도가 높은 영역에 위치하여 친전자체(Electrophile) 또는 친핵체(Nucleophile)에 의해 파이 결합이 끊어지고, 탄소 원자에 새로운 결합이 형성되며, 이 원자나 분자와 탄소 원자 사이에 시그마 결합이 형성됩니다.

시그마 결합은 파이 결합보다 강하고 안정적인 결합입니다. 따라서 새로운 시그마 결합을 형성하는 것이 분자 전체의 안정성을 높이는 데 기여합니다. 파이 결합이 끊어지고 새로운 시그마 결합이 형성되는 과정은 에너지를 방출하는 발열 반응이므로 반응이 자발적으로 진행될 수 있습니다.

이중결합이 단일 결합으로 변한 첨가 반응으로

$C_2H_4 + Br_2 \rightarrow BrCH_2CH_2Br$,

$C_2H_4 + H_2 \rightarrow C_2H_6$,

$C_3H_6 + H_2O \rightarrow CH_3CH(OH)CH_3$.

$C_3H_6 + HCl \rightarrow CH_3CHClCH_3$ 등입니다.

삼중결합이 단일 결합으로 변한 첨가 반응으로

$C_2H_2 + H_2 \rightarrow C_2H_4 +$ 수소 $H_2 \rightarrow C_2H_6$

$C_2H_2 + Br_2 \rightarrow C_2H_2Br_2 + Br_2 \rightarrow C_2H_2Br_4$

$C_2H_2 + HCl \rightarrow C_2H_3Cl + HCl \rightarrow C_2H_4Cl_2$

$C_2H_2 + H_2O \rightarrow C_2H_4O + H_2O \rightarrow C_2H_6O_2$ 등입니다.

치환 반응

치환 반응은 분자 내의 한 원자 또는 원자단이 다른 원자 또는 원자단으로 바뀌는 반응입니다.

● 카르보카티온 중간체

카르보카티온은 탄소 원자가 세 개의 다른 원자와 결합하고 양전하를 띠는 이온입니다. 즉, 탄소 원자가 8개의 전자를 모두 채우지 못하고 6개의 전자만을 가져 불안정한 상태입니다.

헤테로 고리는 고리 구조를 이루는 원소 중 하나 이상이 탄소(C)가 아닌 다른 원소(예: 질소(N), 산소(O), 황(S) 등)를 포함하는 고리 화합물인데, 헤테로 고리가 분해되면 공유 결합이 끊어지면서 카르보카티온이 생성됩니다. 또한 불포화 탄소에 양성자가 첨가되어 카르보카티온이 생성됩니다. 카르보카티온은 전자 부족 상태이므로 친핵체와 쉽게 반응합니다.

● 알킬 할라이드

알킬 할라이드는 알케인의 수소 원자 하나가 할로젠 원자로 치환된 화합물입니다. 즉, 탄소 사슬에 할로젠 원자가 붙어 있는 형태입니다.

알킬 할라이드는 할로젠 원자가 붙어 있는 탄소 원자가 다른 탄소 원자와 결합한 수에 따라 1개의 다른 탄소 원자와 결합할 때 1차 알킬 할라이드라 하고, 2개의 다른 탄소 원자와 결합할 때 2차 알킬 할라이드라 하고, 3개의 다른 탄소 원자와 결합할 때 3차 알킬 할라이드라 합니다. 일반식 R1-CH(X)-R2 (R1, R2: 알킬기, X: 할로젠 원자 (F, Cl, Br, I))로 나타낼 수 있는데 CH(X) 가 두 개의 R1, R2와 결합되어 있으므로 2차 알킬 할라이드라고 합니다.

● 라세미화

라세미화는 광학 활성 화합물이 열이나 화학 반응에 의해 라세미 혼합물로 전환되는 과정입니다. 라세미 혼합물은 분자식이 같지만 3차원 구조가 서로 거울상 관계에 있는 거울상 이성질체를 1:1의 비율로 포함하는 혼합물로, 전체적으로 광학 활성이 없습니다. 즉, 라세미화는 키랄 중심의 입체 배열이 반전되어 두 거울상 이성질체의 비율이 같아지는 현상이라고 할 수 있습니다. 의약품과 농약 제조에 있어 라세미화는 의약품과 농약의 효능을 감소시키거나 부작용을 유발할 수 있으므로, 라세미화를 억제하는 것이 중요합니다.

● 친핵성 치환 반응

친핵성 치환 반응은 친핵체가 기질의 이탈기를 밀어내는 반응으로 1차 친핵성 치환 반응과 2차 친핵성 치환 반응이 있습니다. 다양한 유기 화합물 합성: 알코올, 에터, 아민 등 다양한 유기 화합물을 합성하는 데 사용됩니다. 친핵성 치환 반응은 생체 내에서 일어나는 다양한 반응 (예: 효소 반응)에 관여합니다.

SN1 반응 (1차 친핵성 치환 반응)은 2단계로 진행되는 반응으로 이탈기가 먼저 떨어져 나가 카르보카티온 중간체를 형성하고, 친핵체가 카르보카티온을 공격하여 치환 반응이 일어납니다. SN1 반응은 3차 알킬 할라이드와 같이 카르보카티온 형성이 유리한 기질에서 잘 일어납니다. 3-브로모-3-메틸헥세인과 메탄올이 반응하여 tert-부틸 메틸 에터를 생성하는 반응은 SN1 반응입니다.

$(CH_3)_3CBr + CH_3OH \rightarrow (CH_3)_3COCH_3 + HBr$

SN2 반응 (2분자 친핵성 치환 반응)은 1단계로 진행되는 반응으로, 친핵체가 기질의 이탈기와 반대 방향에서 동시에 공격하여 치환 반응이 일어납니다. SN2 반응은 1차 알킬 할라이드와 같이 입체 장애가 적은 기질에서 잘 일어납니다. 브로모에탄과 수산화 이온이 반응하여 에탄올을 생성하는 반응은 SN2 반응입니다.

$CH_3CH_2Br + OH^- \rightarrow CH_3CH_2OH + Br^-$

● 친전자성 치환 반응 (SE)

친전자체가 방향족 고리(벤젠 고리)의 수소 원자를 치환하는 반응입니다. 친전자성 치환 반응은 방향족 화합물에서 일어나는 대표적인 반응으로, 친전자체가 방향족 고리의 수소 원자를 치환하는 반응입니다.

친전자체가 방향족 고리의 π 전자구름에 접근하여 π-복합체를 형성한 후, 친전자체가 방향족 고리의 탄소 원자와 σ-결합을 형성하여 σ-복합체를 형성합니다. 이어서, σ-복합체에서 양성자(H^+)가 이탈하면서 방향족 고리가 다시 형성되고, 친전자체 치환된 생성물이 생성됩니다. 친전자성 치환 반응은 다양한 방향족 화합물과 치환 반응해 의약품, 염료, 플라스틱 등 다양한 유기 화합물을 합성하는 데 사용됩니다.

할로젠화 반응은 Br^+, Cl^+, I^+ 와 같은 할로젠 양이온이 친전자체로 작용하여 벤젠 고리의 수소를 할로겐으로 치환합니다.

$C_6H_6 + Br_2 \rightarrow C_6H_5Br + HBr$ (브로모벤젠 생성)

니트로화 반응은 NO2+ 와 같은 니트로늄 이온이 친전자체로 작용하여 벤젠 고리의 수소를 니트로기로 치환합니다.

$C_6H_6 + HNO_3 \rightarrow C_6H_5NO_2 + H_2O$ (니트로벤젠 생성)

설폰화 반응은 SO3H+ 와 같은 설폰산 이온이 친전자체로 작용하여 벤젠 고리의 수소를 설폰산기로 치환합니다.

$C_6H_6 + H_2SO_4 \rightarrow C_6H_5SO_3H + H_2O$ (벤젠술폰산 생성)

프리델-크래프츠 알킬화 반응은 R+ 와 같은 알킬 양이온이 친전자체로 작용하여 벤젠 고리의 수소를 알킬기로 치환합니다.

$C_6H_6 + CH_3Cl + AlCl_3 \rightarrow C_6H_5CH_3 + HCl$ (톨루엔 생성)

프리델-크래프츠 아실화 반응은 R-C=O+ 와 같은 아실 양이온이 친전자체로 작용하여 벤젠 고리의 수소를 아실기로 치환합니다.

$C_6H_6 + CH_3COCl + AlCl_3 \rightarrow C_6H_5COCH_3 + HCl$ (아세토페논 생성)

제거 반응

제거 반응은 분자 내의 두 원자 또는 원자단이 제거되어 이중 결합이나 삼중 결합을 형성하는 반응입니다. 제거 반응은 유기 화합물 분자 내에서 두 개의 원자 또는 원자단이 떨어져 나가면서 새로운 π 결합을 형성하는 반응입니다.

일반적으로, 제거 반응은 치환 반응과 경쟁적으로 일어나며, 반응 조건에 따라 둘 중 하나의 반응이 우세하게 진행됩니다. 제거 반응은 알켄, 알카인 등 다양한 불포화 화합물을 합성하는 데 중요한 역할을 합니다. 또한, 석유화학 산업에서 원유를 분해하여 유용한 화합물을 얻는 데에도 활용됩니다. 제거 반응은 반응 메커니즘에 따라 크게 E1, E2, E1cB 세 가지로 분류됩니다.

● E1 반응

2단계 반응으로, 1단계에서 카르보 양이온 중간체가 형성된 후 2단계에서 염기가 양성자를 제거하여 π 결합을 형성합니다.

$(CH_3)_2C(Br)CH_2CH_2CH_3 + H_2O \rightarrow (CH_3)_2C=CHCH_2CH_3 + HBr + H_2O$

● E2 반응

한 단계 반응으로, 염기가 기질의 양성자를 제거하는 동시에 이탈기가 떨어져 나가면서 π 결합을 형성합니다.

$(CH_3)_2CHBr + KOt\text{-}Bu \rightarrow CH_3CH=CH_2 + HBr + KOt\text{-}Bu$

● E1cB 반응

2단계 반응으로, 1단계에서 염기가 양성자를 제거하여 카르바니온 중간체를 형성한 후 2단계에서 이탈기가 떨어져 나가면서 π 결합을 형성합니다.

21. 중합반응

중합 반응은 단량체라고 불리는 작은 분자들이 서로 결합하여 거대한 고분자 물질을 형성하는 화학 반응입니다. 이 과정에서 단량체들은 공유 결합을 통해 길게 연결됩니다. 중합 반응은 작은 분자들이 모여 큰 분자를 형성하는 화학 반응으로, 첨가 중합과 축합 중합으로 나눌 수 있습니다. 이 반응은 플라스틱, 섬유, 고무 등 다양한 물질을 생산하는 데 사용되며, 우리 생활에 큰 영향을 미치고 있습니다.

첨가 중합

첨가 중합은 단량체들이 이중 결합 또는 삼중 결합을 가지고 있어, 이 결합이 끊어지면서 다른 단량체와 결합하는 방식으로 진행되는 중합 반응입니다. 이 과정에서 부산물은 생성되지 않습니다. 첨가 중합은 주로 사슬 성장 메커니즘을 따르며, 개시제, 성장, 종결 단계를 거쳐 고분자가 생성됩니다. 첨가 중합은 사용되는 개시제의 종류에 따라 라디칼 중합, 이온 중합, 이온 중합으로 나눌 수 있습니다.

● 첨가 중합의 메커니즘

개시는 개시제가 활성화되어 라디칼 또는 이온과 같은 활성 종을 생성합니다. 이 활성 종은 단량체의 이중 결합 또는 삼중 결합을 공격하여 새로운 활성 종을 생성합니다. 성장은 생성된 활성 종은 다른 단량체와 연속적으로 반응하면서 고분자 사슬을 성장시킵니다. 이 과정에서 활성 종은 사슬의 말단으로 이동합니다. 종결은 성장하는 고분자 사슬의 말단에 있는 활성 종이 다른 활성 종과 반응하거나, 불활성 물질과 반응하여 고분자 사슬의 성장을 멈춥니다.

● 라디칼 중합

라디칼 중합은 단량체들이 라디칼(자유 라디칼)을 사용하여 중합되는 반응입니다. 라디칼은 홀수 개의 전자를 가지고 있어 매우 불안정하고 반응성이 높기 때문에, 다른 단량체 분자와 쉽게 결합하여 새로운 라디칼을 생성합니다. 이러한 연쇄 반응을 통해 고분자가 형성됩니다.

1) 라디칼 중합의 메커니즘

개시제(initiator)가 열, 빛, 또는 화학 반응에 의해 분해되어 라디칼을 생성합니다. 생성된 라디칼은 단량체 분자의 이중 결합을 공격하여 새로운 라디칼을 생성합니다. 생성된 라디칼은 다른 단량체 분자와 연속적으로 반응하면서 고분자 사슬을 성장시킵니다. 이 과정에서 라디칼은 사슬의 말단으로 이동하며, 새로운 단량체 분자와 반응하여 라디칼을 재생성합니다. 성장하는 고분자 사슬의 말단에 있는 라디칼이 다른 라디칼과 반응하거나, 불활성 물질과 반응하여 고분자 사슬의 성장을 멈춥니다.

2) 라디칼 중합의 특징

라디칼은 반응성이 매우 높기 때문에 중합 반응이 빠르게 진행되고, 생성된 고분자는 분자량이 높습니다. 다양한 종류의 단량체를 사용하여 다양한 종류의 고분자를 생성할 수 있습니다. 성장하는 고분자 사슬에서 라디칼이 다른 분자로 이동하는 사슬 이동 반응이 일어날 수 있습니다. 이 반응은 고분자의 분자량을 조절하는 데 사용될 수 있습니다.

3) 라디칼 중합의 방식

라디칼 중합은 사용되는 개시제의 종류에 따라 열에 의해 분해되는 개시제를 사용하는 방식, 빛에 의해 분해되는 개시제를 사용하는 방식, 산화제와 환원제를 함께 사용하여 라디칼을 생성하는 방식이 있습니다.

4) 라디칼 중합의 응용

라디칼 중합은 폴리에틸렌, 폴리프로필렌, PVC, 폴리스티렌 등 다양한 플라스틱 제품 제조에 사용되고, 합성 고무와 아크릴 섬유 제조에 사용되며, 폴리비닐 아세테이트 접착제 제조에 사용됩니다.

● 양이온 중합

양이온 중합은 양이온을 개시제로 사용하여 단량체들을 중합시키는 반응으로, 빠른 속도로 진행되며 다양한 종류의 고분자를 생성할 수 있습니다. 이 반응은 플라스틱, 고무 등 다양한 산업 분야에서 널리 사용되고 있습니다.

1) 양이온 중합의 메커니즘

양이온 개시제가 단량체의 이중 결합을 공격하여 양이온을 생성합니다. 이 과정에서 개시제는 단량체와 결합하고, 단량체는 양전하를 띠게 됩니다. 생성된 양이온은 다른 단량체 분자와 연속적으로 반응하면서 고분자 사슬을 성장시킵니다. 이 과정에서 양이온은 사슬의 말단으로 이동하며, 새로운 단량체 분자와 반응하여 양이온을 재생성합니다.

2) 양이온 중합의 특징

이중 결합을 가진 단량체 중에서도 양이온에 의해 안정화될 수 있는 단량체 (예: 이소부틸렌, 스티렌, 비닐 에테르)가 주로 사용됩니다. 개시제는 강산 (예: 황산, 염산, 과염소산), 루이스산 (예: BF_3, $AlCl_3$, $TiCl_4$) 등이 사용됩니다. 반응이 저온에서 잘 일어나고, 반응 속도가 빠릅니다. 사슬 이동 반응이 잘 일어날 수 있고, 생성되는 고분자의 입체 규칙성을 조절하기 어렵습니다.

3) 양이온 중합의 장점

짧은 시간에 많은 양의 고분자를 생성할 수 있고, 다양한 종류의 단량체를 사용하여 다양한 종류의 고분자를 생성할 수 있습니다.

4) 양이온 중합의 단점

사슬 이동 반응이 잘 일어나 고분자의 분자량 조절이 어렵고, 생성되는 고분자의 입체 규칙성을 조절하기 어렵습니다.

5) 양이온 중합의 응용

폴리이소부틸렌, 폴리스티렌, 폴리비닐 에테르, 부틸 고무 다양한 플라스틱, 고무 등을 제조하는 데 사용됩니다

● 음이온 중합

음이온 중합은 단량체들이 음이온(anion)을 사용하여 중합되는 반응입니다. 이 반응은 특정 단량체들에 대해 매우 효과적이며, 고분자의 분자량과 구조를 정밀하게 제어할 수 있다는 장점이 있습니다.

1) 음이온 중합의 특징

이중 결합을 가진 단량체 중에서도 음이온에 의해 안정화될 수 있는 단량체 (예: 스티렌, 아크릴로니트릴, 메타크릴산 메틸)가 주로 사용되며, 개시제는 강염기 (예: 유기 리튬 화합물, 알칼리 금속 아미드) 등이 사용됩니다. 반응은 고온에

서 잘 일어나고, 반응 속도가 빠릅니다. 사슬 이동 반응이 잘 일어나지 않고, 생성되는 고분자의 입체 규칙성을 조절할 수 있습니다.

2) 음이온 중합의 장점

음이온 중합은 사슬 이동 반응이나 종결 반응이 잘 일어나지 않기 때문에 높은 분자량의 고분자를 쉽게 합성할 수 있습니다. 또한, 반응 조건을 조절하여 분자량 분포가 좁은 고분자를 얻을 수 있습니다. 이는 고분자의 물성을 균일하게 만드는 데 유리합니다. 특정 촉매를 사용하면 생성되는 고분자의 입체 규칙성을 조절할 수 있습니다. 이는 고분자의 결정성 및 기타 물성에 영향을 미칩니다.

특정 조건 하에서 음이온 중합은 활성 종이 계속 살아있는 리빙 중합으로 진행될 수 있습니다. 리빙 중합을 통해 분자량, 구조, 조성 등을 정밀하게 제어할 수 있는 고분자를 합성할 수 있습니다. 음이온에 의해 안정화될 수 있는 다양한 단량체를 사용하여 공중합체를 합성할 수 있습니다.

3) 음이온 중합의 단점

음이온 중합은 반응성이 높은 음이온을 사용하기 때문에 반응 조건이 까다롭고, 특히, 물이나 산소와 같은 불순물에 의해 활성 종이 쉽게 비활성화될 수 있으므로, 반응 조건을 엄격하게 제어해야 하고, 단량체 선택의 제약이 있고, 사용되는 개시제 및 촉매는 비교적 고가인 경우가 많습니다.

4) 음이온 중합의 다양한 응용 분야

스티렌-부타디엔 고무(SBR)는 스티렌과 부타디엔을 공중합하여 만든 고무로, 타이어, 벨트, 호스 등에 사용됩니다.

폴리부타디엔 고무(BR)는 부타디엔을 중합하여 만든 고무로, 탄성 및 내마모성이 우수하여 타이어, 벨트 등에 사용됩니다.

폴리이소프렌 고무(IR)는 이소프렌을 중합하여 만든 고무로, 천연고무와 유사한 성질을 가지고 있어 타이어, 벨트 등에 사용됩니다.

폴리스티렌(PS)는 스티렌을 중합하여 만든 플라스틱으로, 가볍고 가공성이 우수하여 포장재, 용기 등에 사용됩니다.

폴리아크릴로니트릴(PAN)은 아크릴로니트릴을 중합하여 만든 플라스틱으로, 내열성 및 내후성이 우수하여 섬유, 필터 등에 사용됩니다.

폴리메틸 메타크릴레이트(PMMA)은 메틸 메타크릴레이트를 중합하여 만든 플라스틱으로, 투명성이 우수하여 광학 기기, 간판 등에 사용됩니다.

아크릴 섬유는 아크릴로니트릴을 중합하여 만든 섬유로, 보온성 및 염색성이 우수하여 의류, 담요 등에 사용됩니다.

시아노아크릴레이트 접착제는 시아노아크릴레이트를 중합하여 만든 접착제로, 순간접착제로 널리 사용됩니다.

에폭시 수지는 에폭시 화합물을 중합하여 만든 수지로, 접착제, 코팅제, 몰딩 재료 등으로 사용됩니다.

고흡수성 수지는 아크릴산 염을 중합하여 만든 수지로, 기저귀, 생리대 등에 사용됩니다.

이온 교환 수지는 스티렌-디비닐벤젠 공중합체에 이온 교환기를 도입한 수지로, 정수기, 연수기 등에 사용됩니다.

　기능성 고분자는 리빙 음이온 중합을 이용하여 다양한 기능기를 도입한 고분자를 합성하여 약물 전달 시스템, 생체 적합성 재료 등에 활용합니다.

배위 중합

　배위 중합은 금속 촉매를 사용하여 단량체들을 규칙적으로 배열시키는 중합 방식으로, 높은 입체 규칙성을 가진 고분자를 합성하는 데 유용합니다. 이 반응은 플라스틱, 고무, 섬유 등 다양한 산업 분야에서 널리 사용되고 있습니다.

● 배위 중합의 메커니즘

　배위 중합은 금속 촉매 표면에서 단량체들이 배위 결합을 통해 규칙적으로 배열되고, 이어서 중합 반응이 일어나는 방식으로 진행됩니다. 금속 촉매는 단량체들을 특정 위치에 배열시키고, 중합 반응을 촉진하는 역할을 합니다.

● 배위 중합의 특징

　금속 촉매 표면에서 단량체들이 규칙적으로 배열되기 때문에, 생성되는 고분자는 입체 규칙성이 높고, 낮은 온도 및 압력 조건에서도 진행될 수 있습니다. 다양한 종류의 단량체를 사용하여 다양한 종류의 고분자를 생성할 수 있습니다.

● 배위 중합의 종류

배위 중합은 사용되는 금속 촉매의 종류에 따라 다음과 같이 분류할 수 있습니다. 치글러-나타 촉매는 티타늄 화합물과 알루미늄 화합물로 구성된 촉매로, 폴리올레핀 중합에 널리 사용됩니다. 메탈로센 촉매는 전이 금속과 시클로펜타디에닐 리간드로 구성된 촉매로, 높은 입체 규칙성을 가진 고분자 합성에 사용됩니다.

● 배위 중합의 응용

폴리에틸렌, 폴리프로필렌 등 다양한 플라스틱 제품과 에틸렌-프로필렌 고무 (EPR), 스티렌-부타디엔 고무 (SBR) 등 합성 고무와 폴리프로필렌 섬유 제조에 사용됩니다.

축합 중합

축합 중합은 두 개 이상의 분자가 반응하여 더 큰 분자를 형성하고, 작은 분자 (주로 물, 알코올, 암모니아 등)를 부산물로 생성하는 화학 반응입니다. 이 반응은 섬유, 플라스틱, 접착제 등 다양한 물질을 생산하는 데 사용되며, 우리 생활에 큰 영향을 미치고 있습니다.

● 축합 반응의 메커니즘

축합 반응은 단량체들이 반응할 수 있는 형태로 활성화되고, 활성화된 단량체들이 서로 반응하여 결합을 형성하고, 작은 분자를 부산물로 생성합니다. 생성된 이량체, 삼량체 등이 계속해서 단량체와 반응하면서 고분자 사슬이 성장합니다.

● 축합 반응의 특징

축합 반응은 단량체들이 단계적으로 결합하여 고분자 사슬을 형성하고, 물, 알코올 등 작은 분자들이 부산물로 생성됩니다. 폴리에스터, 폴리아미드, 폴리우레탄 등 다양한 종류의 고분자를 합성할 수 있고, 반응 조건을 조절하여 고분자의 분자량을 조절할 수 있습니다.

● 축합 반응의 응용

폴리에스터, 나일론 등 합성 섬유 제조, 폴리카보네이트, 폴리우레탄 등 플라스틱 제품 제조, 에폭시 수지 등 접착제 제조와 폴리우레탄 코팅제 등 코팅제 제조에 사용됩니다.

리빙 중합
||||||||||||||||

리빙 중합은 고분자 사슬의 성장이 활성 말단에 의해 계속 진행되는 중합 반응을 의미합니다. 일반적인 중합 반응과는 달리, 리빙 중합에서는 사슬 이동 반응이나 종결 반응이 일어나지 않거나, 억제되어 활성 말단이 고분자 사슬에 계속 존재합니다. 이러한 특징 때문에 리빙 중합은 다양한 장점을 가지며, 정밀한 고분자 합성에 유용하게 사용됩니다.

● 리빙 중합의 메커니즘

개시제가 단량체와 반응하여 활성 종을 생성하고, 활성 종이 다른 단량체와 연속적으로 반응하면서 고분자 사슬을 성장시키고, 필요에 따라 종결 반응을 유도하여 고분자 사슬의 성장을 멈춥니다.

● 리빙 중합의 특징

고분자 사슬의 성장이 활성 말단에 의해 계속 진행되고, 사슬 이동 반응이나 종결 반응이 일어나지 않거나 억제됩니다. 고분자의 분자량을 정밀하게 조절할 수 있고, 분자량 분포가 좁은 고분자를 얻을 수 있습니다. 고분자 사슬 말단에 다양한 기능기를 도입할 수 있고, 다양한 종류의 단량체를 순차적으로 중합하여 블록 공중합체를 합성할 수 있습니다.

● 리빙 중합의 응용

　분자량, 구조, 조성 등을 정밀하게 제어된 고분자를 합성하는 데 사용되고, 고분자 사슬 말단에 특정 기능기를 도입하여 기능성 고분자를 합성하는 데 사용되고, 다양한 종류의 단량체를 순차적으로 중합하여 블록 공중합체를 합성하는 데 사용됩니다.

22. 기체의 움직임

기체는 우리 주변에서 흔히 볼 수 있는 물질의 상태 중 하나로, 액체나 고체와는 다른 독특한 움직임을 보입니다. 기체를 구성하는 분자들은 끊임없이 무작위로 운동하고 있으며, 이 운동은 매우 활발합니다. 분자들은 서로 충돌하거나 용기의 벽에 충돌하면서 끊임없이 움직이고 있는데, 이러한 움직임은 브라운 운동이라고 부릅니다.

기체 분자들은 예측할 수 없는 방향으로 자유롭게 움직이며, 운동을 멈추지 않고 계속해서 움직입니다. 이 과정에서 분자들끼리 충돌하거나 용기 벽에 부딪히게 되는데, 이러한 충돌은 모두 완전 탄성 충돌입니다. 완전 탄성 충돌이란 충돌 전과 후에 운동 에너지의 손실이 없는 충돌을 의미하며, 이러한 충돌 덕분에 기체 분자들은 에너지를 유지하며 지속적으로 운동할 수 있게 됩니다. 이러한 무작위적이고 자유로운 움직임은 기체의 다양한 성질, 예를 들어 압력, 확산성, 팽창성 등을 설명하는 데 중요한 역할을 합니다.

기체의 일반적인 성질

기체는 분자들이 끊임없이 무작위로 운동하기 때문에 특정한 모양이나 부피를 가지지 않고, 주어진 용기 전체를 자유롭게 채우는 성질을 가지고 있습니다. 이러한 성질 때문에 기체는 항상 용기의 형태와 부피를 따르게 됩니다.

기체 분자들 간의 거리는 액체나 고체 상태보다 상대적으로 매우 멀리 떨어져 있기 때문에, 외부에서 압력을 가하면 분자들 사이의 간격이 줄어들어 부피가 쉽게 작아집니다. 이는 기체가 압축성이 크다는 것을 의미합니다. 또한, 기체 분자들은 서로 충돌하면서 끊임없이 운동하고 있기 때문에 용기 안에서 자유롭게 팽창하며 공간을 골고루 채우게 됩니다. 이로 인해 기체는 항상 전체 공간에 고르게 퍼져 있는 상태가 됩니다.

기체는 무작위 운동을 통해 다른 기체나 액체와 빠르게 섞이는 성질도 가지고 있습니다. 이를 통해 공기 중의 냄새가 빠르게 퍼지거나, 서로 다른 기체들이 자연스럽게 혼합되는 현상을 관찰할 수 있습니다. 기체 분자들 사이의 간격이 크고, 분자 자체의 질량이 작기 때문에 기체는 고체나 액체에 비해 밀도가 매우 낮습니다. 이러한 특징은 기체의 성질을 이해하는 데 있어 중요한 요소입니다.

기체의 압력

기체의 압력과 중력에 의한 압력은 서로 다른 개념이므로 구분하여 이해하셔야 합니다. 중력에 의한 압력은 물체가 중력에 의해 아래 방향으로 당겨지면서, 그 힘이 물체의 접촉면에 작용하게 되는 현상입니다. 이는 정지된 상태에서의 무게에 의해 발생하는 힘입니다.

반면에 기체의 압력은 기체 분자들이 운동하면서 용기 벽에 충돌할 때 발생하는 힘으로, 충돌 횟수와 충돌 시 운동량 변화량에 따라 압력의 크기가 결정됩니다. 기체의 압력을 이해할 때에는, 빈 공간에 기체 분자들이 존재하며, 이 분자들이 끊임없이 운동하고 벽에 부딪히는 모습을 떠올리시면 이해에 도움이 됩니다.

기체에 열을 가하면 기체가 팽창하여 압력이 커지는 것처럼 보일 수 있지만, 실제로는 열에 의해 기체 분자의 운동 에너지가 증가하게 되어, 분자들이 벽에 충돌할 때 더 큰 힘을 가하게 됩니다. 이로 인해 용기 벽에 작용하는 압력이 증가하게 되고, 이 압력이 커지면 기체의 부피가 증가하게 됩니다. 즉, 부피가 커져서 압력이 커지는 것이 아니라, 압력이 먼저 커지고 그에 따라 부피가 늘어나는 것입니다. 기체의 압력은 이러한 분자 수준에서의 미시적인 운동이 모여서 형성된 결과이며, 온도와 부피, 분자 운동 사이의 관계를 함께 고려하여 이해하시는 것이 중요합니다

에너지 균등 분배 법칙과 운동 에너지

동일한 크기의 용기 안에 동일한 수의 기체 분자가 들어 있을 경우, 무거운 분자일수록 압력이 더 높을 것처럼 느껴질 수 있습니다. 하지만 실제로는 분자의 질량과 상관없이 압력은 동일하게 나타납니다. 그 이유는 기체의 압력이 분자들의 운동 에너지에 의해 결정되기 때문입니다.

기체 분자의 운동 에너지는 질량과 속도의 제곱에 비례하며, 수식으로는 $KE = (1/2)mv^2$로 표현됩니다. 질량이 큰 분자는 속도가 느리고, 질량이 작은 분자는 속도가 빠르기 때문에, 결과적으로 운동 에너지는 같아지게 됩니다. 즉, 분자의 질량과 속도의 관계는 서로 보완적이며, 이로 인해 모든 기체 분자들은 평균적으로 동일한 운동 에너지를 갖게 됩니다.

이러한 관계는 에너지 균등 분배 법칙을 통해 수식으로도 확인할 수 있습니다. 평균 운동 에너지를 나타내는 식은 $(1/2)m(v^2)\_avg = (3/2)kT$입니다. 이 식은 기체 분자의 평균 운동 에너지가 절대 온도에 비례한다는 것을 의미합니다. 즉, 질량에 관계없이 모든 기체 분자는 온도에 따라 동일한 평균 운동 에너지를 갖습니다.

이 식을 간단히 유도해 보면, 운동 에너지는 $KE = (1/2)mv^2$ 이고, 평균 운동 에너지는 $KE\_avg = (1/2)m(v^2)\_avg$로 표현됩니다. $(v^2)\_avg$는 속도 제곱의 평균값을 의미합니다. 평균 속도를 측정하는 것은 어렵지만, 평균 운동 에너지를 통해 평균 속도에 대한 정보를 유추할 수 있습니다.

기체 분자 운동론에 따르면, 기체의 압력 P는 다음과 같은 식으로 표현됩

니다: $P = (1/3)\rho(v^2)\_avg$. 여기서 ρ는 기체의 밀도로, $\rho = nM/V$(n은 몰수, M은 분자량)로 정의됩니다. 따라서 $PV = (1/3)nM(v^2)\_avg$라는 식이 도출되며, 이는 기체가 x축, y축, z축 방향으로 충돌하는 3차원 운동을 고려했을 때 직관적으로 받아들일 수 있습니다.

이 식을 이상기체 상태 방정식 $PV = nRT$와 비교해 보면, $PV = (1/3)nM(v^2)\_avg = nRT$가 되고, 이를 정리하면 $(1/2)M(v^2)\_avg = (3/2)RT$가 됩니다. 여기서 분자량 M과 아보가드로 수 Na의 곱이 분자의 질량 m과 같다는 관계($M = mNa$) 및 기체 상수 R과 볼츠만 상수 k의 관계($R = kNa$)를 이용하면, $(1/2)m(v^2)\_avg = (3/2)kT$가 됩니다.

결론적으로, 기체 분자의 평균 운동 에너지는 절대 온도에 비례하며, 질량이 다른 기체 분자라도 동일한 온도에서는 평균 운동 에너지가 같다는 사실을 알 수 있습니다. 이로써 다양한 기체들이 같은 온도에서 같은 압력을 나타내는 이유를 설명할 수 있습니다.

보일의 법칙

보일의 법칙은 일정한 온도에서 기체의 부피와 압력이 서로 반비례한다는 것을 나타냅니다. 즉, 기체의 압력이 증가하면 부피는 감소하고, 압력이 감소하면 부피는 증가하게 됩니다. 이 관계는 수식으로 $V = k/P$로 표현되며, 이를 다시 정리하면 PV = k가 됩니다. 여기서 k는 일정한 상수이며, 압력(P)과 부피(V)의 곱이 항상 일정하다는 의미입니다.

이는 특정 온도에서 압력과 부피가 정확히 반비례하는 관계임을 의미합니다. 다만, 더 정확한 물리적 설명은 다음과 같습니다. 폐쇄된 공간에 있는 기체에 외부에서 힘을 가해 부피를 감소시키면, 기체 분자들이 벽에 더 자주 충돌하게 되고 이로 인해 압력이 증가하게 됩니다. 즉, 압력이 커져서 부피가 줄어드는 것이 아니라, 부피가 줄어들었기 때문에 압력이 커지는 것입니다.

그러나 실제 기체에서는 이 법칙이 완벽하게 적용되지는 않습니다. 압력을 가하면 부피가 줄어드는 경향은 맞지만, 그 관계가 항상 정확한 반비례는 아닙니다. 보일의 법칙은 실제 기체에 어느 정도까지는 적용되지만, 이상기체라는 가상의 모델을 기반으로 한 법칙입니다.

보일의 법칙은 일상생활에서도 여러 가지 예로 확인할 수 있습니다. 숨을 들이마실 때 폐의 부피가 커지면서 폐 내부의 압력이 낮아져 공기가 폐 안으로 들어오고, 숨을 내쉴 때에는 폐의 부피가 작아지면서 내부 압력이 높아져 공기가 밖으로 나가게 됩니다. 또 다른 예로는 잠수 상황을 들 수 있습니다. 수심이 깊어질수록 수압이 증가하면서 잠수부의 폐에 더 큰 압력이 가해지게 되는데, 이때 잠수부들은 공기통을 사용하여 폐 내부의 압력을 일정하게 유지해야 합니다. 이러한 현상들 역시 보일의 법칙에 따른 기체의 부피와 압력의 관계를 잘 보여줍니다.

샤를의 법칙

샤를의 법칙은 일정한 압력에서 기체의 부피(V)가 절대 온도(T)에 비례한다는 것을 나타냅니다. 이 관계는 수식으로 $V = kT$로 표현되며, 여기서 k는 비례 상수입니다. 이 식을 다시 정리하면 $V/T = k$로 쓸 수 있으며, 이는 일정한 압력 하에서 부피를 절대 온도로 나눈 값이 항상 일정하다는 의미입니다. 즉, 기체의 절대 온도가 증가하면 부피도 함께 증가하고, 절대 온도가 감소하면 부피도 감소하는 비례 관계가 성립합니다. 여기서 절대 온도는 섭씨 온도에 273.15를 더한 값으로 계산됩니다.

이 법칙의 물리적인 의미는 다음과 같습니다. 일정한 압력 하에서 외부에서 열을 가하면 기체 분자의 내부 에너지가 증가하고, 그에 따라 분자의 운동 속도가 빨라지며 분자 간 충돌 횟수가 많아지게 됩니다. 이러한 충돌은 외벽에 가해지는 압력을 증가시키고, 결국 그 압력에 의해 기체의 부피가 커지게 됩니다.

하지만 실제 기체에서는 이 법칙이 완벽하게 적용되지는 않습니다. 온도가 증가하면 부피가 증가하는 경향은 맞지만, 이 관계가 항상 정확한 비례를 따르지는 않습니다. 샤를의 법칙은 이상기체라는 가상의 개념을 기반으로 성립하는 법칙이며, 실제 기체는 분자 간 인력과 분자의 크기 등의 요인으로 인해 다소 오차가 발생하게 됩니다.

샤를의 법칙의 응용 예로는 열기구, 냉장고, 자동차 엔진 등을 들 수 있습니다. 열기구 내부의 공기를 데우면 공기의 부피가 커지고 밀도가 작아져 공기가 가벼워지므로 열기구가 공중으로 상승하게 됩니다. 냉장고 내부에서는 냉매가 증발하면서 주변의 열을 흡수하고, 이 과정에서 내부 온도가 낮아집니다. 이어지는 압축 과정에서는 냉매가 열을 방출하여 열을 외부로 내보냅니다.

자동차 엔진에서는 연료가 연소하면서 생성된 고온의 기체가 팽창하는 힘으로 피스톤을 밀어내며 동력을 만들어냅니다. 이러한 모든 과정은 기체의 온도와 부피, 압력 사이의 관계를 바탕으로 하고 있으며, 샤를의 법칙의 원리가 작용하는 대표적인 예들입니다.

아보가드로의 법칙

아보가드로의 법칙은 같은 온도와 압력에서 같은 부피의 기체는 종류에 상관없이 같은 수의 분자를 포함한다는 내용을 담고 있습니다. 다시 말해, 기체의 종류가 다르더라도 온도와 압력이 같다면 동일한 부피 안에 들어 있는 분자의 수는 같다는 뜻입니다.

이 법칙은 수식으로 $V/n = k$로 표현되며, 여기서 V는 부피, n은 몰수, k는 상수입니다. 즉, 부피를 몰수로 나눈 값이 모든 기체에서 일정하게 유지된다는 의미입니다.

아보가드로는 수소 기체 1 부피와 염소 기체 1 부피가 반응하여 염화수소 기체 2 부피가 생성되는 실험 결과를 설명하기 위해 이 법칙을 제안하였습니다. 이 반응을 이해하기 위해서는 수소와 염소가 각각 같은 부피 안에 같은 수의 분자를 가지고 있어야 하며, 이들이 반응하여 염화수소 분자 두 배가 생성된다는 점에서 아보가드로의 법칙이 필요했습니다.

또한 산소 기체 1 부피와 수소 기체 2 부피가 반응하여 수증기 2 부피가 생성되는 반응에서도 마찬가지로, 산소, 수소, 수증기 모두가 분자 단위로 존재해야만 이 반응을 설명할 수 있습니다. 이러한 예시들을 통해 아보가드로의 법칙은 분자 개념을 정립하고 이해하는 데 매우 중요한 역할을 했습니다.

아보가드로의 법칙 역시 보일의 법칙이나 샤를의 법칙과 마찬가지로 실제 기체에서는 약간의 차이를 보일 수 있습니다. 하지만 대부분의 기체에서는 온도와 압력이 같을 경우 동일한 부피 안에 포함된 분자의 수가 큰 차이가 없기 때문에, 기체의 종류에 무관한 일반적인 법칙으로 적용할 수 있습니다.

아보가드로 수와 아보가드로 부피

아보가드로 수는 6.022×10^{23}개라는 값을 가지는 상수로, 원자나 분자, 이온 등과 같은 미시적인 입자 1몰(mole)에 포함된 입자의 수를 의미합니다. 이는 화학에서 매우 중요한 기준이 되는 수치입니다.

아보가드로 부피는 표준 상태(0℃, 1기압)에서 기체 1몰이 차지하는 부피를 의미하며, 아보가드로의 법칙에 따르면 모든 기체는 표준 상태에서 같은 부피를 차지합니다. 이때의 부피는 약 22.4L로 정의되어 있습니다.

즉, 표준 상태에서 모든 기체는 22.4L의 부피 안에 6.022×10^{23}개의 분자를 포함하고 있으며, 이는 기체의 종류와 무관하게 적용됩니다. 이러한 개념은 기체의 성질을 정량적으로 이해하고 비교하는 데 매우 유용하게 활용됩니다.

보일의 법칙, 샤를의 법칙, 아보가드로의 법칙이 실제 기체와는 어떻게 다른가?

보일의 법칙, 샤를의 법칙, 아보가드로의 법칙은 이상기체를 기준으로 정립된 이론으로, 실제 기체에서는 일부 조건에서 정확히 적용되지 않을 수 있습니다. 이는 실제 기체 분자들이 가지는 고유한 특성과 상호작용 때문입니다.

실제 기체의 분자들은 자체적인 부피를 가지고 있으며, 분자들 사이에는 인력이나 반발력과 같은 상호작용이 존재합니다. 반면 이상기체는 이러한 분자의 크기나 상호작용을 무시한 상태로 가정되기 때문에 이론적으로 간단한 수식으로 설명이 가능합니다.

보일의 법칙에서는 압력을 가하면 기체의 부피가 줄어드는 반비례 관계를 가정합니다. 그러나 실제 기체에서는 압력을 가해도 그 내부에 존재하는 분자 자체의 부피는 줄어들지 않기 때문에, 전체 부피 감소는 이상기체가 예측한 것만큼 정확하지 않을 수 있습니다. 분자들의 고유 부피가 존재함에 따라 일정한 한계 이하로는 부피가 더 이상 줄어들 수 없습니다.

샤를의 법칙 또한 비슷한 이유로 실제 기체에서는 정확히 적용되지 않습니다. 온도가 올라가면서 부피가 증가하는 경향은 있지만, 분자 간 인력이 작용하기 때문에 이 증가량이 이상기체와는 약간 다를 수 있습니다.

아보가드로의 법칙에서는 같은 온도와 압력에서 모든 기체가 같은 부피 안에 같은 수의 분자를 가진다고 설명합니다. 하지만 실제로는 기체 분자의 크기가 서로 다르기 때문에, 서로 다른 종류의 기체는 미세한 차이를 보일 수 있습니다.

그럼에도 불구하고, 기체의 압력이 낮고 온도가 높을수록 실제 기체는 이상기체의 거동에 근접하게 됩니다. 이러한 조건에서는 이상기체 상태 방정식(PV = nRT)을 이용하여 실제 기체의 성질을 근사적으로 계산할 수 있습니다. 따라서 이들 법칙은 실제 기체의 거동을 이해하고 예측하는 데 여전히 매우 유용하게 사용됩니다.

이상 기체 상태 방정식

이상 기체 상태 방정식은 보일의 법칙, 샤를의 법칙, 아보가드로의 법칙을 동시에 만족하는 기체를 전제로 한 수식입니다. 이 방정식은 기체의 압력(P), 부피(V), 몰수(n), 절대 온도(T) 사이의 관계를 하나의 식으로 통합하여 설명합니다.

보일의 법칙에서는 $PV = k_1$, 샤를의 법칙에서는 $V/T = k_2$, 아보가드로의 법칙에서는 $V/n = k_3$로 표현되며, 각각의 관계는 서로 다른 조건에서 성립합니다. 이 세 가지 식을 통합적으로 이해하면, 기체의 부피는 온도와 몰수에 비례하고 압력에는 반비례한다는 결론에 도달할 수 있습니다.

예를 들어, PV = k_1과 V/T = k_2에서 V를 제거하면 P = $k_1 k_2$T가 되어 압력은 온도에 비례함을 알 수 있습니다. 또한, V/n = k_3에서 V = k_3n으로 나타낼 수 있으며, 이로부터 부피는 몰수에 비례한다는 것을 확인할 수 있습니다. 결국, 압력(P)과 부피(V)의 곱은 몰수(n)와 절대 온도(T)의 곱에 비례하게 되며, 이를 수식으로 나타내면 PV $\propto$ nT가 됩니다.

이 비례식에서 비례 상수를 R이라고 정의하면, 이상 기체 상태 방정식은 다음과 같이 표현됩니다.

PV = nRT

여기서 R은 기체 상수로, 단위에 따라 여러 값으로 표현될 수 있습니다. 일반적으로 R = 0.08206 L·atm/mol·K 또는 R = 8.314 J/mol·K의 값을 사용합니다. 이 방정식은 기체의 상태를 정량적으로 설명하고, 다양한 기체 관련 계산에 매우 유용하게 활용됩니다.

물 분자는 액체 상태에서 기체로 될 때 크기가 커지는가?

물 분자 자체의 크기는 액체 상태에서 기체 상태로 변하더라도 변하지 않습니다. 물 분자는 수소 원자 2개와 산소 원자 1개로 이루어진 동일한 분자 구조를 유지하기 때문입니다. 그러나 물이 액체 상태에서 기체 상태, 즉 수증기로 변화할 때에는 분자 사이의 거리가 매우 멀어지기 때문에 전체 부피가 눈에 띄게 커지게 됩니다.

액체 상태의 물 분자들은 서로 가까이 밀집해 있는 반면, 기체 상태의 수증기 분자들은 매우 멀리 떨어져 자유롭게 운동합니다. 이로 인해 수증기는 겉보기 부피가 액체보다 훨씬 더 크며, 기체의 성질을 이해하기 위해서는 이와 같은 분자 간 거리의 차이를 인식하는 것이 중요합니다.

예를 들어, 물 18g은 1몰에 해당하며, 액체 상태에서는 약 $18cm^3$의 부피를 차지합니다. 이 물을 모두 기화시키면 수증기의 부피는 약 22.4L, 즉 $22,400cm^3$가 되며, 이는 액체 상태보다 약 1,244배 더 큰 부피입니다.

이처럼 물 분자의 크기 자체는 변하지 않지만, 기체 상태에서는 분자들이 활발하게 운동하며 서로 멀리 떨어져 존재하므로 훨씬 큰 공간을 차지하게 됩니다. 실제로 우리가 숨 쉬는 공기의 경우도, 전체 공간 중에서 분자들이 실제로 차지하는 부피는 약 0.01%에 불과하고, 나머지는 대부분 빈 공간입니다. 이러한 점을 이해하는 것은 기체의 성질을 바르게 파악하는 데 매우 중요한 요소입니다.

기체가 쉽게 액체가 되지 않는 이유

　기체 상태의 분자들은 매우 활발하게 운동하고 있으며, 서로 강하게 결합되어 있지 않고 자유롭게 움직이는 특징을 가지고 있습니다. 이러한 상태에서 기체가 액체로 변하기 위해서는 분자들 사이에 작용하는 인력이 분자들의 운동 에너지보다 커야 합니다.

　하지만 일반적인 상태에서는 기체 분자들이 끊임없이 서로 충돌하면서 운동하고 있으며, 이러한 충돌은 반발력을 발생시켜 분자들이 가까워지지 못하도록 만듭니다. 즉, 기체 분자들이 액체로 되기 위해 필요한 인력보다 분자 간의 반발력이 더 크기 때문에 쉽게 액체로 응축되지 않습니다.

　기체 분자들이 액체로 변하려면, 우선 분자들이 가진 운동 에너지를 줄여야 합니다. 운동 에너지를 줄이기 위해서는 온도를 낮추거나 외부 압력을 증가시켜야 하며, 그렇게 되면 분자들이 서로 가까이 모이게 되어 분자 간 인력이 더 강하게 작용할 수 있습니다. 이때 인력이 운동 에너지보다 커지면 기체는 액체로 전환됩니다.

　따라서 기체가 쉽게 액체로 되지 않는 이유는, 기체 상태에서는 분자들의 운동 에너지가 매우 크고, 서로 충돌하며 반발하기 때문에 분자 간 인력이 충분히 작용하지 못하기 때문입니다. 이 점을 이해하면 기체의 상태 변화와 물질의 상전이에 대한 이해가 더욱 깊어집니다.

기체 혼합물

기체 혼합물은 두 가지 이상의 기체가 함께 섞여 있는 상태를 말합니다. 예를 들어, 우리가 호흡하는 공기는 질소, 산소, 아르곤 등 여러 가지 기체들로 구성된 대표적인 기체 혼합물입니다.

기체 혼합물의 중요한 특징은, 각 기체의 분자들이 끊임없이 무작위 운동을 하기 때문에 혼합된 기체들이 용기 전체에 걸쳐 균일하게 퍼져 있다는 점입니다. 기체 분자들은 서로 자유롭게 움직이며, 따로 분리되지 않고 균일하게 섞입니다.

기체 혼합물에서의 전체 압력은 혼합된 각 기체의 부분 압력의 합과 같습니다. 이 원리는 돌턴의 부분 압력 법칙이라고 불리며, 이상기체를 가정할 때 정확하게 적용됩니다. 실제 기체에서는 약간의 오차가 있을 수 있으나, 대부분의 경우 근사적으로 잘 맞습니다.

예를 들어 공기는 질소 약 78%, 산소 약 21%, 아르곤 약 0.9% 등의 비율로 이루어져 있으며, 이 각각의 기체들이 전체 압력에 기여하는 비율에 따라 부분 압력을 가집니다. 천연가스는 메탄을 주성분으로 하는 기체 혼합물로, 주로 연료로 사용되며, 액화 석유 가스(LPG)는 프로판, 부탄 등을 주성분으로 하는 기체 혼합물로, 가정용 및 산업용 연료로 널리 사용됩니다.

기체 혼합물의 성질은 이상기체의 특성과 돌턴의 법칙을 바탕으로 설명할 수 있으며, 실제 생활과 산업에서 매우 다양한 방식으로 활용되고 있습니다.

23. 물리화학

물리화학은 화학 현상을 물리적인 관점에서 이해하고 설명하는 학문입니다. 물리화학은 화학 반응의 원리를 분석하고, 물질의 성질을 분자 수준에서 해석하며, 에너지의 흐름과 변화를 수학적으로 다루는 특징을 가지고 있습니다.

물리화학의 핵심 분야 중 하나는 열역학입니다. 열역학은 에너지의 변화와 전달, 그리고 시스템의 평형 상태를 다루는 학문으로, 화학 반응의 방향과 자발성, 평형 조건 등을 이해하는 데 중요한 역할을 합니다.

열역학은 에너지 효율 향상, 화학 반응 예측, 상태 변화 규명, 생명 현상의 이해, 환경 문제 해결 등 다양한 분야에서 필수적인 도구로 활용됩니다. 이러한 이유로 물리화학은 기초 과학뿐만 아니라 응용과학 및 공학 전반에 걸쳐 매우 중요한 역할을 합니다.

열역학 기본 개념

열역학에서는 에너지, 열, 일, 엔트로피 등의 개념을 중심으로 다양한 물리적·화학적 현상을 설명합니다. 특히 엔트로피의 변화와 자유 에너지의 변화를 통해 어떤 과정이 자발적으로 일어나는지 여부를 판단할 수 있습니다.

- 열역학에서는 다음과 같은 용어들이 자주 사용됩니다.

계: 열역학적으로 관찰하거나 연구하는 대상이 되는 물질이나 공간을 말합니다.

주위: 계를 제외한 나머지 공간으로, 계와 에너지를 주고받을 수 있는 영역입니다.

경계: 계와 주위를 구분하는 면 또는 경계 조건입니다.

상태: 온도, 압력, 부피 등 계의 물리적 성질로 정의되는 조건들을 의미합니다.

과정: 계의 상태가 변화하는 것을 의미합니다.

열역학적 평형은 계의 모든 부분이 온도, 압력, 화학 퍼텐셜 등에서 균일하여 더 이상 변화가 일어나지 않는 상태를 말합니다.

- 열역학에서 자주 사용되는 주요 개념은 다음과 같습니다.

내부 에너지(U): 계가 가지고 있는 모든 에너지의 총합을 의미합니다.

엔탈피(H): 내부 에너지에 압력과 부피의 곱을 더한 값으로, $H = U + PV$

로 정의됩니다.

엔트로피(S): 계의 무질서도의 척도로, 계가 얼마나 무작위적인 상태인지 나타냅니다.

자유 에너지(G): 계가 할 수 있는 유용한 일의 양을 나타내는 척도로, G = H - TS로 정의됩니다. 여기서 T는 절대 온도, S는 엔트로피입니다.

이러한 개념들을 통해 화학 반응이 일어날 수 있는 조건, 평형 상태, 에너지 흐름 등을 정량적으로 이해할 수 있습니다.

열역학 제1법칙과 엔탈피

열역학 제1법칙은 에너지 보존의 법칙이라고도 불리며, 우주 전체의 에너지 총량은 항상 일정하게 유지된다는 원리를 설명합니다. 이 법칙은 에너지가 생성되거나 소멸되지 않고, 단지 한 형태에서 다른 형태로 변환된다는 것을 의미합니다. 계의 내부 에너지는 열과 일의 형태로 전달될 수 있으며, 그 변화량은 열역학 제1법칙에 따라 결정됩니다. 이 법칙은 열, 일, 내부 에너지 등 다양한 형태의 에너지를 포괄적으로 다룹니다.

● 열역학 제1법칙

열역학 제1법칙은 다양한 형태로 표현될 수 있으며, 가장 일반적인 수식은 다음과 같습니다.

ΔU = Q - W

여기서 ΔU는 계의 내부 에너지 변화량, Q는 계가 흡수한 열량, W는 계가 외부에 한 일의 양을 나타냅니다. 이 식은 계가 흡수한 열량에서 계가 외부에 한 일을 뺀 값이 계의 내부 에너지 변화량과 같다는 의미입니다.

● 엔탈피(H)

엔탈피는 계의 내부 에너지(U)에 압력(P)과 부피(V)의 곱을 더한 값으로 정의됩니다.

H = U + PV

엔탈피는 특히 압력이 일정한 과정, 즉 등압 과정에서 유용하게 사용됩니다. 등압 조건에서는 계가 흡수하거나 방출한 열량(Q_p)이 다음과 같은 방식으로 표현됩니다.

ΔU = Q_p - W 이므로 Q_p = ΔU + W

일 W는 압력 곱하기 부피 변화량(PΔV)이므로,

Q_p = ΔU + PΔV

또한, 엔탈피 변화량 ΔH는 다음과 같이 표현됩니다.

ΔH = ΔU + Δ(PV) = ΔU + PΔV + VΔP

등압 조건에서는 압력의 변화가 없으므로 ΔP = 0이 되어,

ΔH = ΔU + PΔV

따라서, 등압 조건에서 계가 흡수하거나 방출한 열량(Q_p)은 엔탈피 변화

량(ΔH)과 같아집니다.

$$Q_p = \Delta H$$

이 관계를 통해 등압 과정에서 반응열을 엔탈피 변화량으로 쉽게 구할 수 있으며, 엔탈피는 상태 함수이기 때문에 경로에 관계없이 초기 상태와 최종 상태에 의해서만 결정됩니다. 따라서 절대적인 값보다는 변화량(ΔH)을 사용하는 것이 일반적입니다.

● 내부 에너지

내부 에너지는 물질 내부에 저장된 모든 형태의 에너지를 합한 값으로, 열과 일을 통해 변화할 수 있습니다. 내부 에너지는 크게 다음과 같은 에너지의 합으로 이해할 수 있습니다. 분자 운동 에너지: 분자들이 끊임없이 움직이며 갖는 운동 에너지로, 온도가 높을수록 증가합니다.

분자 간 포텐셜 에너지: 분자들 사이의 인력이나 척력에 의해 발생하는 에너지로, 분자 간 거리가 가까울수록 증가합니다. 원자핵 에너지: 원자핵 내부에 저장된 에너지로, 핵반응을 통해서만 방출될 수 있습니다. 운동 에너지 및 위치 에너지: 물체 전체의 운동 또는 위치에 의해 결정되는 에너지입니다.

내부 에너지는 다음 두 가지 방법으로 변화할 수 있습니다.

열(Q): 온도 차이에 의해 이동하는 에너지로, 계가 열을 흡수하면 내부 에너지가 증가하고, 열을 방출하면 감소합니다.

일(W): 힘에 의해 물체를 이동시킬 때 전달되는 에너지로, 계가 외부에 일을 하면 내부 에너지는 감소하고, 외부로부터 일을 받으면 증가합니다.

● 일과 열

에너지는 다양한 형태로 존재하지만, 그 중 일과 열은 에너지를 주고받는 대표적인 방식입니다.

일: 물체에 힘을 가해 이동시키는 과정에서 전달되는 에너지입니다. 예를 들어, 물체를 들어 올리거나 자동차를 움직이는 것이 이에 해당하며, 역학적인 에너지의 전달 방식입니다. 일은 힘의 방향과 이동 거리의 곱으로 계산되며, 쉽게 다른 에너지 형태로 변환될 수 있습니다.

열: 온도 차이에 의해 이동하는 에너지로, 고온에서 저온으로 자발적으로 흐릅니다. 뜨거운 물체가 차가운 물체에 열을 전달하는 경우가 이에 해당하며, 열은 무질서한 분자 운동 에너지의 한 형태입니다.

일과 열은 서로 변환될 수 있으며, 열역학 제1법칙에 따라 계의 내부 에너지 변화는 계가 흡수한 열량에서 계가 외부에 한 일의 양을 뺀 값으로 나타낼 수 있습니다.

$\Delta U = Q - W$

열역학에 익숙하지 않은 경우 위에 제시된 식들이 다소 복잡하게 느껴질 수 있지만, 각각의 식이 어떻게 유도되고 어떤 상황에서 적용되는지를 이해하는 것이 중요합니다. 외우기보다는 원리를 이해하는 접근이 훨씬 효과적입니다.

엔트로피와 열역학 제2법칙

엔트로피는 무질서도 또는 혼란도를 나타내는 척도입니다. 쉽게 말하면, 상태가 얼마나 엉망진창인지를 나타내는 값이라고 생각하면 됩니다. 일반적으로 무질서할수록 엔트로피는 증가합니다. 열역학 제2법칙은 고립된 계의 엔트로피는 시간이 지남에 따라 항상 증가하거나 일정하게 유지되며, 절대로 감소하지 않는다고 설명합니다. 즉, 자연계의 모든 변화는 무질서도가 증가하는 방향으로 진행된다는 것입니다.

● 엔트로피

엔트로피는 무질서도 또는 혼란도의 척도일 뿐만 아니라, 물질이나 에너지가 가질 수 있는 미시적 상태의 수, 즉 경우의 수로도 해석됩니다. 여기서 물체의 상태를 두 가지 방식으로 설명할 수 있습니다. 하나는 개별 입자들의 모든 정보를 포함하는 "미시적 상태"이고, 다른 하나는 온도, 압력, 부피 등과 같은 "거시적 상태"입니다. 하나의 거시적 상태는 수많은 미시적 상태로 구성될 수 있습니다.

예를 들어, 같은 온도와 압력의 기체라 하더라도 분자들의 운동이나 위치는 수없이 다양한 조합을 가질 수 있으므로 미시적 상태의 수는 매우 많습니다. 깨진 컵은 조각이 다양한 방식으로 흩어져 있을 수 있기 때문에, 온전한 컵보다 훨씬 많은 미시적 상태를 가집니다. 따라서 깨진 컵은 깨지기 전보다 엔트로피가 더 높다고 할 수 있습니다.

뜨거운 물은 차가운 물보다 엔트로피가 높은데, 이는 뜨거운 물의 분자들이 더 불규칙하고 자유롭게 움직이며 다양한 상태를 가질 수 있기 때문입니다. 정리된 방은 물건들이 정해진 위치에 있어야 하므로 가능한 미시적 상태의 수가 적은 반면, 정리되지 않은 방은 물건들이 다양한 방식으로 배치될 수 있어 엔트로피가 더 높습니다.

● **열역학 제2법칙**

열역학 제2법칙은 고립계의 엔트로피는 항상 증가하거나 일정하게 유지된다는 법칙으로, 자연현상이 어떤 방향으로 진행될지를 설명해 줍니다. 자발적인 변화는 엔트로피가 증가하는 방향으로 진행되며, 대부분의 자연 과정은 비가역적입니다. 예를 들어, 뜨거운 물이 식는 현상은 자연스럽지만, 식은 물이 저절로 다시 뜨거워지는 일은 일어나지 않습니다.

에너지는 규칙적인 형태인 역학적 에너지나 전기 에너지처럼 일을 잘할 수 있는 고품질 에너지와 열에너지처럼 무질서한 형태로 일을 잘하지 못하는 저품질 에너지로 나눌 수 있습니다. 엔트로피가 증가할수록 에너지는 점점 더 무질서하게 퍼지며, 사용 가능한 에너지의 질은 떨어지게 됩니다.

열역학 제2법칙은 또한 열기관의 효율이 100%가 될 수 없는 이유를 설명해 줍니다. 만약 모든 열이 역학적 에너지로 전환된다면 엔트로피가 증가하지 않아야 하지만, 이는 제2법칙에 어긋나므로 불가능합니다. 따라서 열기관은 일부 에너지를 반드시 버려야 하며, 그에 따라 효율에는 한계가 존재합니다.

열은 고온에서 저온으로 흐르는 방향이 자연스러운 방향이며, 이는 엔트로피가 증가하는 방향입니다. 반대로 열이 저온에서 고온으로 자발적으로 흐를 수는 없으며, 이는 엔트로피가 감소하는 방향이기 때문에 자연계에서는 발생할 수 없습니다.

열역학 제2법칙은 우주의 엔트로피가 계속 증가하고 있다는 사실에서, 고품질 에너지가 점차 사라지고 있다는 해석도 가능하게 하며, 심지어 시간의 방향성(시간의 화살)을 이해하는 데에도 사용됩니다. 시간이 흐른다는 것은 곧 엔트로피가 증가한다는 것을 의미하며, 이를 되돌리려면 엔트로피를 줄여야 하는데 이는 제2법칙에 위배되므로, 시간의 흐름은 본질적으로 되돌릴 수 없습니다.

● 자유 에너지

자유 에너지는 계가 외부와 에너지를 주고받으며 실제로 사용할 수 있는 에너지의 양을 나타냅니다. 일정한 온도와 압력에서 자유롭게 사용할 수 있는 에너지를 깁스 자유 에너지(G)라고 하며, 다음 식으로 정의됩니다.

$G = H - TS$

여기서 H는 계의 엔탈피(총 에너지), T는 절대 온도, S는 엔트로피입니다. 엔트로피가 클수록, 그리고 온도가 높을수록 계가 사용할 수 없는 에너지(즉, TS 항)는 커지므로, 실제로 사용할 수 있는 자유 에너지는 줄어들게 됩니다.

자유 에너지는 반응이 자발적으로 일어날 수 있는지를 판단하는 데 활용되며, 변화량 ΔG를 통해 다음과 같이 해석할 수 있습니다.

$\Delta G < 0$: 자발적인 반응이 일어납니다.

$\Delta G > 0$: 비자발적인 반응이며, 외부의 에너지 투입이 필요합니다.

$\Delta G = 0$: 계는 평형 상태에 있습니다.

따라서 자연계의 변화는 깁스 자유 에너지가 감소하는 방향으로 일어나며, 이는 곧 엔트로피 증가의 법칙을 다른 표현으로 나타낸 것입니다. 자유 에너지는 열역학 제2법칙의 의미를 실제 화학 반응이나 생명체 내의 에너지 변화 등 다양한 현상에 적용할 수 있도록 도와주는 개념입니다.

열역학 제3법칙

열역학 제3법칙은 절대 온도 0K에서 계의 엔트로피가 0이 된다고 설명합니다. 이는 물질의 무질서도가 완전히 사라져, 가장 질서정연한 상태에 도달하게 됨을 의미합니다. 이 법칙은 모든 물질이 절대 온도 0K에서 단 하나의 미시적 상태만을 가지게 되므로, 경우의 수가 1이 되고, 이로 인해 엔트로피도 0이 된다는 사실을 의미합니다.

- **절대 온도 0K**

절대 온도 0K는 모든 분자의 운동이 멈추는 이론적인 최저 온도로, 섭씨 온도로는 -273.15℃에 해당합니다. 이 온도에서 이상적인 결정체는 모든 원자나 분자가 완벽하게 규칙적으로 배열된 상태가 되며, 오직 하나의 미시적 상태만을 가질 수 있습니다. 엔트로피는 가능한 미시적 상태의 수에 비례하므로, 이 경우 경우의 수가 1이 되어 엔트로피는 0이 됩니다. 따라서 완전한 결정체의 엔트로피는 절대 온도 0K에서 0이 됩니다.

● 열역학 제3법칙의 의미

열역학 제3법칙은 절대 영도에 실제로 도달하는 것이 불가능하다는 점을 강조합니다. 아무리 낮은 온도로 냉각을 시도하더라도, 그 과정에서 제거해야 할 에너지가 점점 더 줄어들게 되며, 결국 절대 영도에 도달하기 위한 무한한 과정이 필요하게 됩니다. 따라서 이론적으로만 존재하는 절대 영도는 실현 불가능한 상태이며, 이 법칙은 온도와 엔트로피의 근본적인 한계를 알려주는 중요한 의미를 가집니다.

열역학 제3법칙은 또한 저온에서 물질의 엔트로피를 기준점(0)으로 삼는 데 활용되며, 절대 엔트로피 값을 계산하는 데 중요한 기준이 됩니다.

열역학의 중요성

열역학은 에너지 변환, 물질의 상태 변화, 화학 반응 등 자연에서 일어나는 다양한 현상을 설명하는 데 핵심적인 역할을 합니다. 열역학 제1법칙, 제2법칙, 제3법칙은 각각 에너지 보존, 자발적인 변화의 방향, 절대 영도에서의 엔트로피 상태에 대해 설명하며, 이들 법칙은 자연 현상과 기술적 응용 모두에 폭넓게 적용됩니다.

예를 들어, 날씨 변화나 물의 순환, 생명체의 에너지 대사와 같은 자연 현상들은 열역학 법칙을 통해 이해할 수 있습니다. 생명체 내부에서 일어나는 화학 반응이나 에너지 흐름 또한 열역학적으로 분석할 수 있습니다.

산업 분야에서는 증기 기관, 내연 기관, 냉동기, 에어컨과 같은 장치들이 모두 열역학 원리를 기반으로 설계되어 왔습니다. 이러한 장치들은 에너지를 효율적으로 전달하고 변환하는 과정에서 열역학 법칙을 활용하고 있으며, 지금도 그 원리는 에너지 기술의 발전에 필수적인 요소로 자리 잡고 있습니다.

또한, 신소재 개발이나 에너지 효율 향상 기술에도 열역학 지식이 폭넓게 응용되고 있습니다. 물질의 열적 특성을 분석하거나, 열 손실을 최소화하기 위한 설계 등은 열역학 원리에 기반한 분석을 통해 이루어집니다.

특히, 태양 에너지, 풍력 에너지 등과 같은 친환경 에너지 기술의 개발에는 열역학 원리가 반드시 필요하며, 에너지 저장 기술이나 효율 향상 기술 개발에도 열역학적 이해가 필수적입니다. 따라서 열역학은 자연 현상의 원리를 밝히고, 이를 바탕으로 실생활과 산업 분야에 응용 가능한 기술을 발전시키는 데 있어 매우 중요한 학문입니다.

24. 전기화학

　전기화학은 전자의 이동을 수반하는 화학 반응을 다루는 분야로, 화학 에너지를 전기 에너지로, 또는 전기 에너지를 화학 에너지로 변환하는 원리를 설명합니다. 이와 같은 전기화학 반응은 전지, 전기 분해, 부식, 전기 도금 등 다양한 기술에 응용됩니다.

　전기화학은 에너지 저장 및 변환 기술에 있어 매우 중요한 역할을 합니다. 예를 들어, 충전식 배터리, 연료전지, 태양전지 등은 모두 전기화학적 원리를 기반으로 동작합니다. 이러한 장치는 지속 가능하고 효율적인 에너지 활용을 가능하게 하며, 친환경 에너지 기술로 주목받고 있습니다.

　또한, 전기화학은 환경 분야에서도 중요한 역할을 합니다. 예를 들어, 수처리나 폐수 정화 기술에서 전기화학적 산화·환원 반응이 활용되며, 오염 물질의 제거에 기여하고 있습니다. 의료 분야에서는 생체 전극, 이온 센서, 약물 전달 시스템 등에도 전기화학 기술이 사용되고 있으며, 정밀한 생체 신호 측정이나 생체 반응 조절에 활용되고 있습니다.

　전기화학은 이처럼 에너지, 환경, 재료, 의료 등 다양한 분야에서 그 응용 가능성이 매우 높으며, 지속 가능한 미래 사회를 위한 핵심 기술 중 하나로 간주됩니다.

전기화학의 기본 원리

● 산화-환원 반응

전기화학 반응은 산화 반응과 환원 반응이 동시에 일어나는 과정을 통해 이루어집니다. 산화 반응은 원자나 분자가 전자를 잃는 반응이며, 이 과정에서 해당 원자의 산화수가 증가하게 됩니다. 반대로 환원 반응은 전자를 얻는 반응으로, 산화수가 감소하는 특징을 가집니다. 이러한 산화-환원 반응은 항상 짝을 이루어 일어나며, 잃은 전자의 수와 얻은 전자의 수는 항상 같습니다.

● 전극

전극은 전자가 이동하는 통로이자, 전기화학 반응이 실제로 일어나는 장소입니다. 일반적으로 전극은 금속, 탄소, 반도체 등 다양한 물질로 만들어질 수 있으며, 양극과 음극으로 구분됩니다. 양극에서는 산화 반응이, 음극에서는 환원 반응이 일어납니다.

● 전해질

전해질은 전류가 흐를 수 있도록 이온을 제공하는 물질로, 전극 사이에서 전하의 이동을 가능하게 합니다. 전해질은 수용액, 용융된 염, 고체 전해질 등 다양한 형태로 존재하며, 전기화학 반응이 지속적으로 일어날 수 있도록 중요한 역할을 합니다.

● 전기화학 반응의 자발성

전기화학 반응이 자발적으로 일어나는지는 표준 전극 전위를 통해 판단할 수 있습니다. 표준 전극 전위는 25℃, 1기압 등 표준 상태에서 측정한 전극의 전위로, 일반적으로 환원 반응 기준으로 표현됩니다. 전극 전위가 클수록 해당 물질이 환원되기 쉬우며, 작을수록 산화되기 쉽습니다. 이를 통해 어떤 전기화학 반응이 자발적으로 일어날 수 있는지를 예측할 수 있습니다.

전기화학의 종류

전기화학 반응은 크게 자발적인 반응과 비자발적인 반응으로 나눌 수 있습니다. 자발적인 전기화학 반응은 화학 반응이 스스로 일어나면서 전기 에너지를 생성하는 반응입니다. 이러한 반응의 대표적인 예가 전지입니다. 전지는 산화-환원 반응을 통해 화학 에너지를 전기 에너지로 변환하는 장치입니다.

전지는 사용 방식에 따라 1차 전지와 2차 전지로 나뉩니다. 1차 전지는 한 번 사용하면 재충전이 불가능한 전지로, 건전지가 그 예입니다. 반면 2차 전지는 충전을 통해 여러 번 사용할 수 있으며, 납 축전지나 리튬 이온 전지가 여기에 해당합니다.

한편, 비자발적인 전기화학 반응은 스스로 일어나지 않으며 외부에서 전기 에너지를 공급해야만 진행됩니다. 이 반응의 대표적인 예는 전기 분해입니다. 전기 분해는 전기 에너지를 이용해 화학 물질을 분해하는 과정으로, 도금, 금속 제련, 화학 물질 생산 등 다양한 산업 분야에서 활용됩니다.

25. 결정화학

결정화학은 물질을 구성하는 원자나 분자의 배열 구조, 즉 결정 구조를 분석하고 이해하는 학문입니다. 이러한 배열이 어떻게 구성되느냐에 따라 물질의 물리적, 전기적, 화학적 성질이 크게 달라집니다. 예를 들어, 탄소는 동일한 원자라도 결정 구조에 따라 다이아몬드, 흑연, 그래핀, 탄소 나노튜브, 풀러렌 등 전혀 다른 성질을 가진 물질이 될 수 있습니다.

다이아몬드는 매우 단단하고 투명한 구조이며, 흑연은 부드럽고 전기가 잘 통합니다. 그래핀은 전자의 이동 속도가 매우 빠르며, 탄소 나노튜브는 강철보다 강하고 가벼우며, 전도성도 뛰어납니다. 풀러렌은 초전도체나 의약 소재로 활용될 수 있는 물질입니다. 이처럼 같은 탄소 원자라도 원자들이 어떤 방식으로 배열되는지에 따라 완전히 다른 성질을 가질 수 있으며, 이는 곧 물질의 성능이 결정 구조에 의해 좌우된다는 사실을 잘 보여줍니다.

결정화학은 이러한 원자 배열을 연구함으로써 새로운 기능성 물질과 첨단 소재를 설계하는 데 핵심적인 역할을 합니다. 실제로 결정 구조는 신소재 개발, 의약품 설계, 광물 자원 탐사 등 다양한 분야에서 중요한 정보를 제공합니다.

결정은 원자, 분자 또는 이온이 규칙적으로 배열된 고체입니다. 우리 주변의 많은 물질이 이러한 결정 구조를 가지고 있습니다. 결정은 일정한 모양과 규칙적인 면, 각을 가지며, 내부에 빈 공간이 거의 없어 높은 밀도를 가집니다.

반면, 비결정질은 결정과 달리 원자나 분자들이 불규칙하게 배열된 고체로, 대표적인 예로는 유리나 엿과 같은 물질이 있습니다. 이러한 물질은 정해진 모양이나 규칙적인 구조가 없습니다.

결정 구조를 이해하기 위해 사용하는 중요한 개념 중 하나가 바로 단위세포입니다. 단위세포는 결정 구조의 가장 작은 구성 단위로, 마치 벽돌처럼 반복적으로 배열되어 전체 결정을 구성합니다. 이 단위세포는 3차원 공간에서 평행한 면으로 둘러싸여 있으며, 내부에 있는 원자, 분자, 또는 이온의 배열 정보를 모두 담고 있습니다.

또한, 결정 격자는 이러한 단위세포들이 3차원 공간에서 규칙적으로 반복되는 패턴을 점으로 표현한 가상의 구조입니다. 이는 마치 벌집의 육각형 무늬처럼 단위세포가 반복되어 전체 결정 구조를 형성하는 것을 시각적으로 나타냅니다.

단위세포와 결정 격자

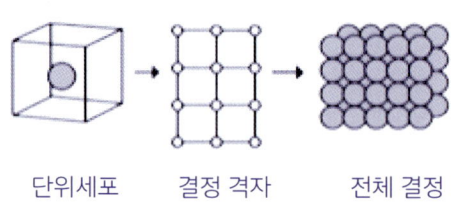

단위세포 결정 격자 전체 결정

결론적으로, 결정화학은 우리가 사용하는 수많은 물질의 성질을 이해하고 새로운 소재를 개발하는 데 핵심적인 역할을 하는 중요한 과학 분야입니다.

입방정계

입방정계는 세 변의 길이가 모두 같고, 세 각이 모두 90°인 정육면체 형태의 단위세포를 가지는 결정계입니다. 즉, 단위세포의 형태는 정육면체이며, 구조가 단순하고 대칭성이 높아 물리적 성질이 균일하고 결정 성장도 용이해 실험적, 산업적으로 매우 중요한 결정 구조입니다. 많은 금속과 고체 물질들이 이 구조를 따릅니다.

입방정계에는 대표적으로 다음과 같은 세 가지 결정 구조가 있습니다:

● 단순 입방 구조

이 구조에서는 정육면체의 8개 꼭짓점에만 원자가 위치합니다. 하지만 꼭짓점에 있는 원자는 인접한 8개의 단위세포에 공유되기 때문에, 하나의 단위세포에 해당하는 실제 원자 수는 1개입니다. 이 구조는 매우 드물며, 대표적인 예로 폴로늄(Po)이 있습니다.

● 체심 입방 구조

이 구조는 꼭짓점 8곳에 더해 정육면체의 중심에 원자 하나가 추가되어 있습니다. 꼭짓점 8개는 공유로 인해 원자 1개로 계산되며, 중심의 원자 1개를 더해 단위세포당 실제 원자 수는 총 2개입니다. 이 구조를 가지는 대표적인 원소는 철(Fe), 크롬(Cr), 텅스텐(W) 등이 있습니다.

● 면심 입방 구조

이 구조에서는 꼭짓점 외에도 각 면의 중심에 원자 하나씩 위치해 있습니다. 꼭짓점 8개로 원자 1개, 면 중심 6개로 3개(각 면 중심은 인접한 2개 단위세포와 공유)로 계산되어 단위세포당 실제 원자 수는 총 4개입니다. 대표적인 예로는 구리(Cu), 알루미늄(Al), 다이아몬드 구조의 탄소(C) 등이 있습니다.

이처럼 입방정계는 구조가 규칙적이고 해석이 쉬워 결정 구조를 이해하고 응용하는 데 매우 유용한 결정계입니다.

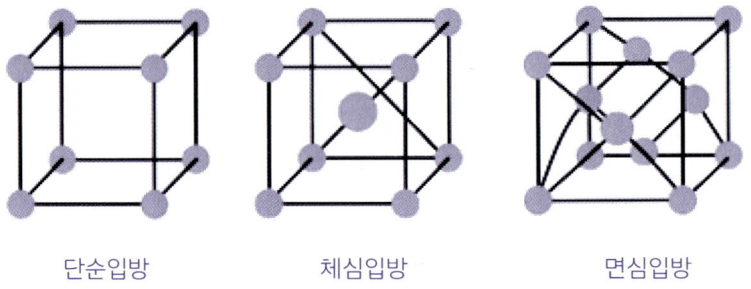

단순입방   체심입방   면심입방

정방정계
IIIIIIIIIIIIII

정방정계는 입방정계에서 높이만 다른 구조라고 볼 수 있습니다. 단위세포는 밑면이 정사각형이고, 높이는 밑변과 다른 육면체 형태를 갖습니다. 다시 말해, 세 각은 모두 90°이지만, 세 변 중 두 변의 길이는 같고, 나머지 한 변(보통 높이 방향)은 다른 길이를 가집니다.

이러한 구조적 특징으로 인해 높이 방향(축 방향)과 밑면 방향 사이에 성질 차이가 생깁니다. 예를 들어, 전기 전도도가 방향에 따라 달라지거나, 기계적 변형이 한쪽 방향에서 더 쉽게 일어날 수 있습니다. 이는 정방정계가 입방정계보다 낮은 대칭성을 가지기 때문입니다.

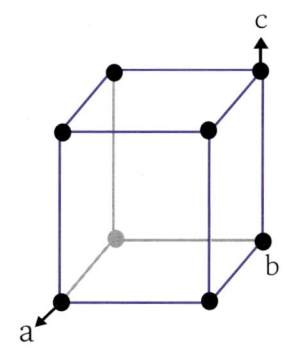

정방정계는 특히 특정 방향으로 성질이 뚜렷한 결정에서 잘 나타납니다. 대표적인 예로는 주석(Sn)의 β-주석 구조와, 이산화티타늄(TiO_2)의 루틸형 결정 구조가 있습니다. 이들은 모두 결정 방향에 따라 광학적, 전기적, 기계적 성질이 달라지며, 그 특성을 산업적으로도 활용합니다.

정방정계 구조는 고온 또는 고압 조건에서 다른 결정계로 전이되기도 하며, 이러한 전이 특성을 이용해 새로운 물성을 부여하거나 소재를 제어하는 연구도 활발히 진행되고 있습니다.

사방정계

사방정계는 세 변의 길이가 모두 서로 다르고, 세 각은 모두 90도인 직육면체 형태의 단위세포를 가지는 결정계입니다. 즉, 직육면체처럼 생겼지만 세 변의 길이가 모두 달라 길이 방향의 비대칭성이 존재합니다. 이 구조는 정방정계보다 대칭성이 더 낮고, 복잡한 구조를 형성할 수 있는 가능성이 큽니다.

이러한 구조적 특징 때문에 사방정계는 결정이 각 방향마다 다른 물리적 성질을 보일 수 있습니다. 예를 들어, 전기 전도도, 열전도성, 광학적 성질 등이 결정의 방향에 따라 다르게 나타나는 이방성이 뚜렷합니다.

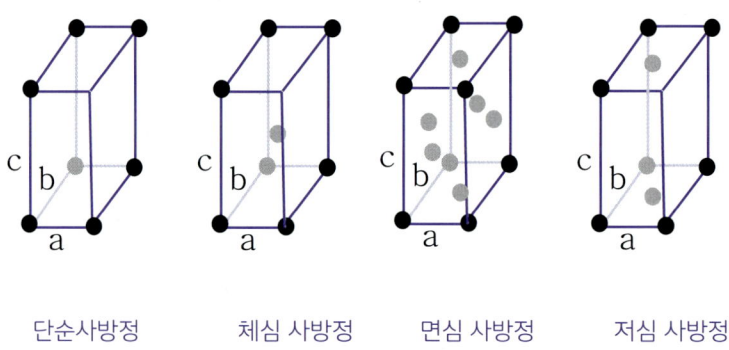

단순사방정   체심 사방정   면심 사방정   저심 사방정

사방정계 구조를 가지는 대표적인 물질로는 황(Sulfur), 올리빈(Olive mineral), 바륨 황산염($BaSO_4$, 바라이트), 안트라센 등이 있으며, 이러한 물질

들은 각각 화학 산업, 지질학, 광물 자원 탐사, 전자 재료 등의 분야에서 다양하게 활용됩니다.

또한, 사방정계는 결정학적으로 보았을 때 네 가지 중심 방식으로 분류될 수 있습니다. 단순 사방정계, 면심 사방정계, 체심 사방정계, 기준면 중심 사방정계로 나눌 수 있습니다. 이러한 구조적 다양성은 사방정계가 복잡한 결정질 구조를 가지는 물질을 설명하는 데 적합하다는 점을 보여줍니다.

사방정계는 입방정계나 정방정계처럼 이상적으로 대칭적인 구조는 아니지만, 그만큼 다양하고 섬세한 물성을 설명할 수 있는 유연성이 있는 결정계입니다. 특히, 자연계에 존재하는 광물이나 고체 유기물의 결정 구조를 분석하는 데 자주 등장하며, 정밀한 물성 제어와 소재 개발에 중요한 정보를 제공합니다.

육방정계

육방정계는 단위세포의 밑면이 정육각형에 가까운 형태를 가진 결정계입니다. 세 변 중 두 변의 길이는 같고, 나머지 한 변은 다른 길이를 가지며, 각도는 두 축 사이가 120도, 나머지 한 축과는 90도를 이루는 비대칭적인 구조입니다. 구조적으로 보면, 평면 위에 육각형 배열을 이룬 층들이 위로 쌓이는 형태라고 이해할 수 있습니다.

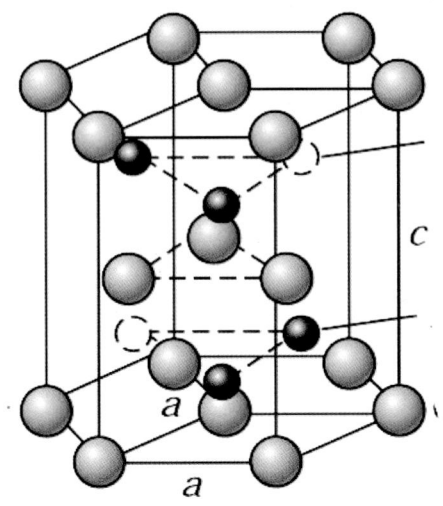

　이러한 육방 구조는 원자들이 밀집하게 배열될 수 있는 구조 중 하나로, 매우 효율적인 공간 활용이 가능합니다. 따라서 원자 충진률이 높아, 일반적으로 높은 밀도와 강한 기계적 강도를 나타냅니다.

　육방정계의 대표적인 예로는 마그네슘(Mg), 아연(Zn), 티타늄(Ti), 코발트(Co) 등이 있습니다. 이들 금속은 가볍고 기계적 특성이 우수하여 항공우주 산업, 자동차 산업, 정밀기계 부품 등에 널리 사용됩니다.

　육방정계는 구조상 결정이 특정 방향으로 쉽게 미끄러지지 않기 때문에, 연성(늘어남)이나 전성(얇게 펼쳐짐)이 다른 결정계에 비해 제한적일 수 있습니다. 그러나 이러한 특성은 오히려 고온 환경에서의 안정성이나 내마모성 재료로서 유리하게 작용하기도 합니다.

또한, 육방 조밀 구조는 육방정계의 가장 대표적인 원자 배열 형태로, 이는 면심입방 구조(FCC) 다음으로 원자 충진률이 높습니다. 원자들이 "ABAB…" 형식으로 층을 이루며 쌓이는 방식으로, 매우 안정된 결정 구조입니다.

삼사정계

삼사정계는 세 변의 길이가 모두 다르고, 세 각도 모두 90도가 아닌 가장 낮은 대칭성을 가진 결정계입니다. 즉, 단위세포는 기울어진 형태의 비대칭적인 평행육면체로, 세 축이 서로 길이도 다르고, 각도도 모두 다릅니다. 이러한 구조는 모든 결정계 중에서 가장 불규칙하고 비대칭적인 형태입니다.

이처럼 대칭성이 거의 없기 때문에, 결정의 방향에 따라 물리적·화학적 성질이 가장 다양하게 변할 수 있는 결정계입니다. 삼사정계 구조를 가진 물질은 기계적, 광학적, 전기적 성질의 이방성(방향에 따른 성질 차이)이 매우 강하게 나타납니다.

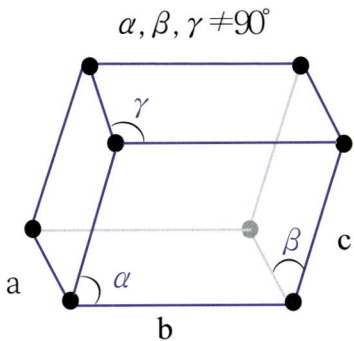

삼사정계의 대표적인 물질로는 쿠니아이트, 터콰이즈, 마이크로클라인(일종의 장석) 등이 있으며, 이들은 보석, 건축 자재, 산업용 소재 등 다양한 분야에서 활용됩니다.

삼사정계는 그만큼 결정 구조가 복잡하고 해석이 까다롭지만, 희귀하고 정교한 성질을 가진 소재를 설명하는 데 매우 중요합니다. 특히 광물학, 결정광학, 재료과학 등의 분야에서 삼사정계 구조는 특정 물질의 성질을 정확히 이해하는 데 핵심적인 역할을 합니다.

또한, 삼사정계 구조는 일반적인 실험 장비로는 그 구조를 분석하기 어려워 X선 결정학이나 중성자 회절법과 같은 정밀 분석 기법이 자주 활용됩니다. 복잡하고 미세한 결정 배열을 가지는 만큼, 고부가가치 소재 개발에도 응용 가능성이 큽니다.

단사정계

단사정계는 세 변의 길이가 모두 다르고, 세 각 중 두 각은 90도이지만 나머지 한 각은 90도가 아닌 비직각 구조를 가진 결정계입니다. 쉽게 말해, 기울어진 직육면체 형태로, 구조적으로는 정방정계나 사방정계보다 대칭성이 더 낮고, 삼방정계보다는 높은 대칭성을 지니고 있습니다.

단사정계의 단위세포는 마치 직사각형을 기울여 놓은 형태로, 한 축이 비스듬히 기울어져 있는 구조입니다. 이러한 특성 때문에 결정은 한 방향으로만 기울어져 있으며, 이로 인해 결정의 성질이 방향에 따라 다르게 나타나는 이방성이 존재합니다.

단사정계 구조를 가지는 대표적인 물질로는 다음과 같은 것들이 있습니다:

석고: 건축 자재와 석고 보드 등에 널리 사용됩니다.

모노클리닉 황: 황의 여러 결정형 중 하나로, 특정 조건에서 형성됩니다.

녹주석, 클리노피로센 등: 지질학 및 광물학에서 중요하게 다뤄지는 광물입니다.

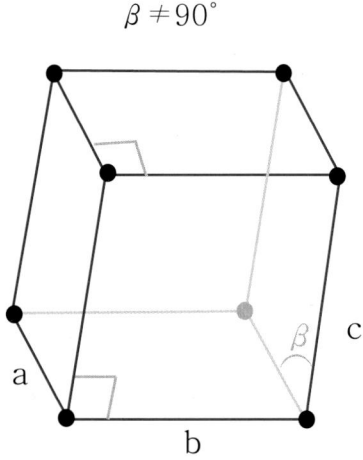

단사정계는 다양한 천연 광물뿐만 아니라 의약품 결정 구조에서도 자주 발견됩니다. 실제로 많은 유기 분자나 약물 결정은 단사정계 구조를 이루며, 이 결

정 형태는 약물의 용해도, 안정성, 흡수율 등에 직접적인 영향을 미치기 때문에 제약 산업에서도 중요한 관심 대상입니다. 또한, 단사정계 결정은 대칭성이 낮아 결정 구조의 정밀한 분석이 필요하며, 광학적 성질도 방향에 따라 달라지기 때문에 편광 현미경, X선 회절법(XRD) 등을 활용한 결정 분석 연구에 자주 등장합니다.

삼방정계

삼방정계는 세 변의 길이가 모두 같고, 세 각도 모두 같지만 각도가 90도가 아닌 구조를 가진 결정계입니다. 단위세포는 마름모꼴 형태의 육면체, 즉 마름모체로 구성되어 있습니다. 이 때문에 삼방정계는 입방정계와 비슷해 보이지만, 각이 직각이 아니어서 대칭성이 더 낮습니다.

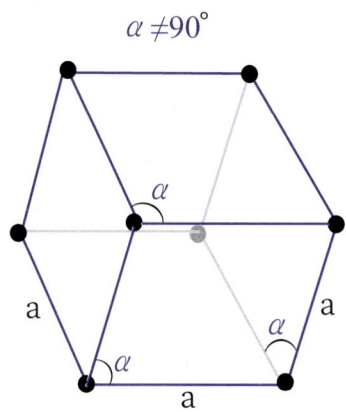

삼방정계는 종종 육방정계의 한 종류로 분류되기도 하지만, 구조적 차이와 결정학적 특징이 분명하여 독립된 결정계로 다뤄지는 경우도 많습니다. 특히 결정학에서는 결정축의 배열 방식과 대칭 요소를 기준으로 두 결정계를 구분합니다.

이 결정계는 구조적으로 높은 대칭성과 함께 이방성(방향에 따라 다른 물성)을 동시에 가질 수 있으며, 결정이 특정 축 방향으로 성장하거나 물성이 변화하는 특징이 있습니다. 광학적, 전기적, 압전적 특성이 뚜렷하여 정밀 기술 응용에도 사용됩니다.

삼방정계 구조를 가지는 대표적인 물질은 다음과 같습니다:

방해석: 삼방정계 결정 구조의 대표적 광물로, 편광성과 이중굴절 현상을 잘 보여줍니다.

황철석: 독특한 광택과 결정 구조로 유명한 광물입니다.

수정: 육방정계로도 분류되지만, 그 내부 대칭성 때문에 삼방정계로도 해석됩니다. 수정은 압전성과 광학 특성이 뛰어나 다양한 전자기기와 센서, 시계 등에 사용됩니다.

삼방정계 결정은 자연에서 매우 흔히 발견되며, 그 독특한 대칭성과 구조적 안정성 덕분에 지질학, 재료과학, 광학, 전자공학 등 여러 분야에서 연구되고 활용됩니다.

결정 구조와 화학 결합의 관계

결정 구조와 화학 결합은 매우 밀접한 관계를 가지고 있습니다. 결정 구조란 물질 내 원자나 분자들이 규칙적으로 배열된 형태를 의미하고, 화학 결합은 원자들 사이에 작용하는 인력에 의해 결합체를 형성하는 방식입니다. 이 두 요소는 서로 영향을 주며, 화학 결합의 종류에 따라 결정 구조의 형태가 달라지게 됩니다.

예를 들어, 이온 결합은 주로 면심 입방 구조, 공유 결합은 분자 결정이나 공유 결정 구조, 금속 결합은 체심 입방 구조, 면심 입방 구조, 또는 육방 밀집 구조를 가지는 경우가 많습니다. 또한 수소 결합은 생체 분자의 3차원 구조 유지와 같은 복잡한 구조 형성에 깊이 관여하며, 얼음의 결정 구조에도 큰 영향을 줍니다.

● 이온 결합과 결정 구조

이온 결합은 양이온과 음이온 사이의 정전기적 인력에 의해 형성됩니다. 이온 결합 물질은 일반적으로 높은 녹는점과 끓는점을 가지며, 단단하지만 쉽게 부서지는 성질이 있습니다. 대표적인 예로 염화나트륨(NaCl)은 면심 입방 구조(FCC)를 가지며, 양이온과 음이온이 교대로 규칙적으로 배열되어 있습니다.

● 공유 결합과 결정 구조

공유 결합은 원자들이 전자를 공유하면서 형성되는 결합입니다. 이 결합 방식은 분자 결정 또는 공유 결정 구조를 만들 수 있습니다. 분자 결정은 개별 분자들이 약한 인력(예: 반데르발스 힘)으로 결합된 구조이며, 보통 녹는점과 끓는점이 낮고 연약한 성질을 가집니다. 반면 공유 결정은 원자들이 3차원적으로 강한 공유 결합으로 연결되어 있으며, 대표적으로 다이아몬드와 흑연이 있습니다.

다이아몬드는 매우 단단한 3차원 공유 구조를 가지며, 흑연은 층상 구조로 되어 있어 층간 결합이 약해 연필심처럼 잘 미끄러지는 성질을 나타냅니다.

● **금속 결합과 결정 구조**

금속 결합은 금속 원자들이 자유롭게 움직이는 전자(자유 전자)를 공유하는 방식으로 형성됩니다. 이러한 구조 덕분에 금속은 전기와 열을 잘 전달하고, 연성과 전성이 뛰어나며, 쉽게 가공이 가능합니다.

금속은 일반적으로 체심 입방(BCC), 면심 입방(FCC), 또는 육방 밀집 구조(HCP)를 이루며, 이 구조들은 원자들이 촘촘하게 배열된 형태로 공간 효율성이 높습니다.

● **수소 결합과 결정 구조**

수소 결합은 전기음성도가 큰 원자(O, N, F)에 결합된 수소 원자가 다른 전기음성 원자와 끌어당기는 약한 인력입니다. 이 결합은 DNA의 이중 나선 구조, 단백질의 접힘 구조 등 생명체의 3차원 구조 유지에 필수적인 역할을 합니다.

또한 얼음은 수소 결합에 의해 형성된 특유의 격자 구조를 가지며, 이로 인해 고체 상태인 얼음이 액체 물보다 밀도가 낮은 특이한 성질을 나타냅니다. 그 결과 얼음은 물에 뜰 수 있고, 이는 지구 생태계의 유지에도 중요한 영향을 줍니다.

결정 성장과 결정화

결정 성장과 액체, 기체, 또는 용액 상태의 물질이 고체로 변화하면서 원자나 분자들이 규칙적인 배열을 이루어 결정 구조를 형성하는 과정을 의미합니다. 이 두 과정은 밀접하게 연결되어 있으며, 일반적으로 핵 생성'과 결정 성장'이라는 두 단계로 나누어 설명됩니다.

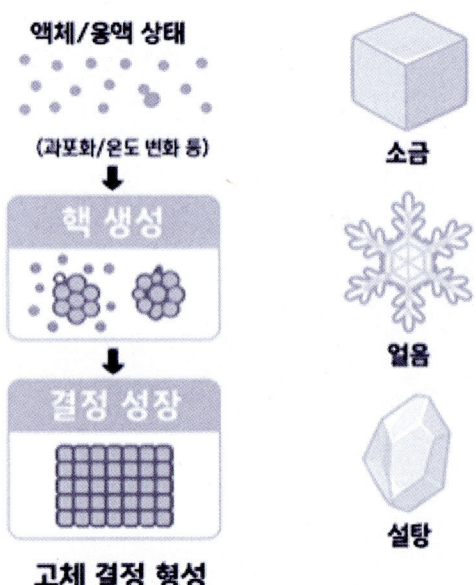

● 핵 생성

　핵 생성은 결정이 처음으로 형성되기 시작하는 단계로, 작은 크기의 안정된 구조(핵)가 생깁니다. 결정 성장은 생성된 핵을 중심으로 원자나 분자가 점차적으로 결합하면서 결정이 자라나는 단계입니다.

　핵 생성은 특정한 조건(예: 온도 하강, 용매 증발 등)에서 분자들이 뭉쳐 안정된 초기 구조(핵)를 만드는 과정입니다. 예를 들어, 소금물을 천천히 증발시키면 용질이 모여 작은 소금 결정의 핵이 형성됩니다. 또, 날씨가 추워 물의 온도가 0℃ 아래로 떨어지면 얼음 결정의 핵이 생기기 시작합니다.

● 결정 성장

　핵이 형성된 후, 그 주변으로 원자나 분자들이 계속 규칙적으로 결합하면서 결정이 자라납니다. 이 과정에서 결정 특유의 모양(결정면, 결정형)이 나타납니다. 예를 들어, 결정 설탕은 당 용액을 식히면서 천천히 결정화시켜 만든 것이고, 얼음 결정은 육각형 구조로 자라나면서 눈 결정(육각 결정)이 만들어집니다.

● 반도체 웨이퍼의 제조

　반도체는 전자의 흐름이 결정 구조의 규칙성에 크게 의존합니다. 불규칙하거나 다결정(여러 방향의 결정이 모인 구조)이 존재하면 성능이 저하되기 때문에, 결함이 거의 없는 단결정 구조가 필요합니다. 이를 위해 정제된 결정 성장 공정을 사용합니다.

　반도체용 웨이퍼는 다음과 같은 절차로 제조됩니다:

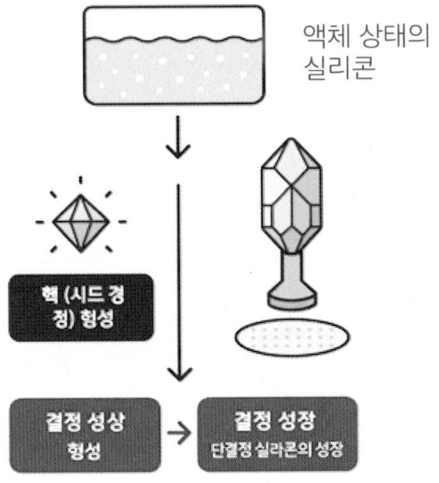

핵 생성과 결정 성장으로
본 반도체 웨이퍼

핵 생성

우선 고순도 폴리실리콘을 고온에서 녹여 액체 상태로 만들고, 여기에 시드 결정을 넣어 단 하나의 결정 구조가 형성되도록 유도합니다. 이 시드 결정이 핵의 역할을 합니다.

결정 성장

시드 결정을 액체 실리콘에 천천히 담갔다가 끌어올리면서 회전시키면, 실리콘 원자들이 정육면체 격자 구조로 배열된 단결정 실리콘 덩어리가 성장합니다. 이 방식은 고순도, 고정밀 단결정 실리콘 생산에 필수적이며, 반도체 성능의 핵심이 됩니다.

● 반도체용 폴리실리콘과 태양광용 폴리 실리콘의 차이

반도체용 폴리실리콘과 태양광용 폴리실리콘은 모두 동일한 실리콘 원료를 사용하지만, 순도에서 큰 차이가 있습니다. 반도체용은 11N 이상, 즉 99.999999999% 이상의 초고순도가 요구되며, 태양광용은 6N ~ 9N 수준 (99.9999% ~ 99.9999999%)으로 상대적으로 순도가 낮습니다.

전 세계 폴리실리콘 수요의 90% 이상은 태양광 산업에 사용되고 있으며, 태양광용 폴리실리콘의 시장 가격은 다음과 같이 변화해 왔습니다:

2008년: 360달러/kg

2010년: 60달러/kg

2015년 말: 15달러/kg

2020년 말: 10.4달러/kg

2024년 말: 6달러/kg 예상

태양광용 폴리실리콘의 제조는 상대적으로 기술 장벽이 낮아, 여러 업체들이 대량 생산에 참여하고 있습니다. 이에 따라 공급이 수요를 초과하게 되었고, 가격은 지속적으로 하락하고 있습니다. 폴리실리콘 1kg을 생산하는 데 약 2~7달러의 전기료가 들어가며, 제조 비용 중 원료비는 대부분의 업체가 비슷하게 소요되기 때문에, 국가 간 전기료 차이가 생산 원가의 경쟁력에 큰 영향을 미칩니다.

● 전기료가 경쟁력에 미치는 영향

한국은 중국보다 전기료가 약 30% 더 비싸기 때문에, 같은 제품을 생산하더라도 한국 기업의 생산 원가는 더 높아질 수밖에 없습니다. 이를 이용해 중국 업체들은 의도적으로 폴리실리콘 가격을 원가 이하로 낮춰 공급하면서, 한국 업체가 생산을 포기할 때까지 압박을 가합니다. 중국 업체들이 입는 손해보다 한국 업체의 손실이 더 크기 때문에 가능한 전략입니다. 결국, 한국의 폴리실리콘 업체들은 국내 생산을 포기하고 전기료가 더 저렴한 말레이시아에 공장을 확장해 대응하고 있습니다. 만약 말레이시아 공장이 없었다면, 한국의 폴리실리콘 산업은 심각한 타격을 입었을 것입니다.

- 산업 경쟁력과 전기료

과거에는 한국이 일본과 경쟁하며, 일본보다 생산비가 저렴한 경우 비즈니스 기회를 창출할 수 있었습니다. 하지만 현재는 경쟁 대상이 중국으로 바뀌었고, 인건비나 원료비는 큰 차이가 없는 상황에서 전기료가 산업 경쟁력의 핵심 변수로 떠오르고 있습니다. 한국이 제조업과 산업국가로서의 위치를 유지하기 위해서는, 전기료 인하 또는 에너지 정책의 구조적 개선이 반드시 필요합니다. 그렇지 않으면, 앞으로 더 많은 산업이 중국이나 동남아 국가와의 경쟁에서 밀릴 위험이 커질 수 있습니다.

맺음말

이 책에서 우리는 화학이란 무엇인지, 그리고 그것이 원자와 분자의 세계를 넘어 어떻게 세상과 연결되어 있는지를 함께 살펴보았습니다. 물질의 구조와 성질, 반응과 에너지 변화에 대한 기본 원리는 결코 실험실 안에만 머무르지 않습니다. 그것은 우리가 살아가는 일상 속 제품에서, 인류의 건강을 지키는 약물 속에서, 지구의 환경을 좌우하는 기후 문제 속에서, 그리고 오늘날 국가의 산업 경쟁력 속에서 실질적으로 작동하고 있습니다.

특히 오늘날과 같이 에너지 전환과 지속 가능성이 핵심 키워드가 된 시대에, 화학은 더 이상 선택이 아닌 필수적 지식이 되었습니다. 화학은 에너지의 효율을 높이고, 자원을 절약하며, 더 깨끗하고 지속 가능한 사회를 설계할 수 있는 핵심 도구입니다. 나아가, 과학적 이해를 바탕으로 기술을 적용하고, 정책을 설계하며, 산업의 미래를 제안할 수 있는 사람, 그 중심에 화학을 이해한 여러분이 있습니다.

화학은 단지 학문이 아닙니다. 화학은 변화의 언어이고, 혁신의 도구이며, 더 나은 세상을 만들기 위한 인류의 지혜입니다. 이제 여러분이 배운 화학이 교과서 속에 머무르지 않고, 삶 속에서 빛나기를 기대합니다. 앞으로 여러분이 마주할 어떤 문제든, 화학적 사고와 지식을 통해 현명하게 풀어나가시기를 바랍니다.

세상을 이해하고 바꾸는 힘, 그 출발점에 화학이 있습니다.

지적 대화를
위한
일반화학

초판 1쇄 발행 | 2025년 7월 1일

지은이 | 차민호
감 수 | 정갑수
편 집 | 강완구
표지 디자인 | 김진경
본문 디자인 | S-design
펴낸이 | 강완구
펴낸곳 | 도서출판 써네스트   **브랜드** | 열린과학
출판등록 | 2005년 7월 13일 제2017-000293호
주 소 | 서울시 마포구 양화로 56, 1521호
전 화 | 02-332-9384   **팩 스** | 0303-0006-9384
홈페이지 | www.sunest.co.kr
ISBN 979-11-94166-58-0(03430) 값 18,000원

열린과학은 써네스트 출판사의 과학브랜드입니다.

잘못된 책은 바꾸어 드립니다.